W0192103

BASTEI
LÜBBE
TASCHENBUCH

Über die Autorin:

Hannah Russell wuchs mit ihrer Familie und vielen Tieren in den Yorkshire Dales auf. Nach der Schule gründete sie mit gerade mal sechzehn Jahren ihr erstes Unternehmen, arbeitete kurzzeitig als Model und veröffentlichte drei Bücher im Selbstverlag mit Geschichten über ihr Shetlandpony Alf. Gemeinsam mit Alf fand sie in den sozialen Medien viele neue Freunde, und das dynamische Duo durfte sogar Prinzessin Anne kennenlernen.

HANNAH RUSSELL

Kleiner Alf

EIN WINZIGES PONY
FINDET DAS GROSSE GLÜCK

Aus dem Englischen von
Ulrike Strerath-Bolz

BASTEI
LÜBBE
TASCHENBUCH

BASTEI LÜBBE TASCHENBUCH
Band 61010

Dieser Titel ist auch als E-Book erschienen.

Vollständige Taschenbuchausgabe

Deutsche Erstausgabe

Für die Originalausgabe:
Copyright © 2017 Hannah Russell
First published in Great Britain in 2018 by Sphere,
an imprint of Little, Brown Book Group
Titel der englischen Originalausgabe: »Little Alf«

Für die deutschsprachige Ausgabe:
Copyright © 2018 by Bastei Lübbe AG, Köln
Textredaktion: Dr. Anita Krätzer, Hamburg
Titelmotiv: © Bulls Press/South West News Service,
© Analgin/Shutterstock
Motiv der Umschlagrückseite: © Russell
Umschlaggestaltung: Kirstin Osenau
Satz: hanseatenSatz-bremen, Bremen
Gesetzt aus der Adobe Garamond Pro
Druck und Verarbeitung: CPI books GmbH, Leck – Germany

ISBN 978-3-404-61010-5

2 4 5 3 1

Sie finden uns im Internet unter
www.luebbe.de
Bitte beachten Sie auch: www.lesejury.de

INHALT

VORWORT

In diesem Buch werde ich euch erzählen, wie ein sehr kleines Pony mit einer sehr großen Persönlichkeit in mein Leben kam und es auf die denkbar beste Weise auf den Kopf gestellt hat. Dazu müsst ihr wissen, dass mein Shetlandpony Little Alf besonders klein ist. Seine Schulterhöhe beträgt gerade einmal 70 Zentimeter, das ist nicht viel mehr als bei einem großen Hund.

Aber was Alf an Größe fehlt, das macht er mit seiner Entschlossenheit und seinem Charme wett.

Die vergangenen drei Jahre mit Alf waren ein einziges großes, wunderbares Abenteuer. Wir haben Mitglieder der königlichen Familie getroffen und sind auch furchtbar ausgeschimpft worden, und ich bin mir sicher, dass wir noch viel miteinander erleben werden.

Ponys, die nicht »perfekt« sind, haben es oft schwer. Deshalb sagen manche Leute, ich hätte Little Alf gerettet. Aber er kam in mein Leben, als ich ihn gerade besonders brauchte, und deshalb glaube ich eher, dass wir uns gegenseitig gerettet haben …

Vom ersten Augenblick an gab es eine Verbindung zwischen uns. Ich kann es nicht genau erklären, aber es fühlte sich an, als seien wir dafür bestimmt, zusammen zu sein. Sicher habe ich sein Leben verändert, als ich ihn aufnahm. Aber er hat meines auch verändert, und zwar sofort.

Als ich Alf zum ersten Mal sah, war er ein flauschiges, verlorenes kleines Kerlchen. Seine Mama hatte ihn nicht angenommen, er entsprach nicht den Anforderungen des Züchters, und seine Zukunft sah düster aus. Er stand auf einer Weide, ganz allein, die Beinchen im Schlamm eingesunken, und sah furchtbar traurig und einsam aus.

Am liebsten wäre ich hingerannt, hätte ihn auf den Arm genommen und wäre mit ihm weggelaufen, so schnell mich meine Beine trugen. Tatsächlich wäre ich zu dieser Zeit wohl *viel* schneller gelaufen als er. Wenn ich heute daran zurückdenke, kann ich kaum glauben, dass ich von dem lustigen, dickköpfigen, energischen Pony rede, das inzwischen so viele Menschen kennen und lieben. Alf ist wirklich einzigartig.

Wir beginnen den Tag gemeinsam bei einer Tasse Tee, und am Abend klaut er mir die Marshmallows von meiner heißen Schokolade. Jeder Augenblick mit Alf ist zauberhaft. Auch die richtig peinlichen Momente, von denen es ganz schön viele gibt.

Ich freue mich sehr darauf, euch von ihm zu erzählen. Von unserer ersten Begegnung sowie von seinem glamourösen Leben als Model, Preisgewinner und Star in den sozialen Medien. Es kann nicht mehr lange dauern, bis sich Hollywood bei uns meldet …

KAPITEL 1

Los geht's!

Bevor wir zu dem wichtigen Moment kommen, an dem wir Little Alf zum ersten Mal treffen, möchte ich euch erst mal ein bisschen über mich und meine Liebe zu Tieren erzählen. Vor allem über meine Leidenschaft, Tiere zu retten, die etwas mehr Liebe und Fürsorge brauchen als andere.

Ich wurde am 18. Januar 1997 in Scarborough geboren, im Norden Englands. Dort habe ich bis zu meinem vierten Lebensjahr mit meiner Familie gewohnt. Schon damals konnte ich mich für Pferde begeistern, und meine erste Erfahrung mit diesen wunderbaren Tieren gehört auch zu meinen frühesten Erinnerungen. Ich war drei Jahre alt, als ich zum ersten Mal am Strand von Scarborough auf einem Esel ritt. Meine Eltern haben ein Foto von mir, wie ich auf dem Rücken des Esels sitze, ein breites Lächeln im Gesicht. Manche Kinder haben Angst vor großen Tieren, aber ich liebte sie aus ganzem Herzen. Immer wieder nervte ich meine Eltern mit der Bitte, wieder mal »auf dem lustigen Esel« sitzen zu dürfen.

Schon seit damals habe ich Haustiere, und ich kann mir nicht vorstellen, ohne sie zu leben. Ich hatte schon immer eine sehr enge Verbindung zu Tieren (abgesehen von Schnecken) und fühle mich ruhig und entspannt, wenn ich mit ihnen zusammen bin.

Unser erstes Familientier war eine Deutsche Schäferhündin namens Misty, die meine Eltern ein Jahr vor meiner Geburt bekamen. Von dem Moment an, an dem ich laufen lernte, folgte ich ihr auf Schritt und Tritt. Sie war eine liebe, freundliche Hündin, und ich fühlte mich immer beschützt, wenn sie bei mir war.

Mum und Dad hatten Misty bei sich aufgenommen, weil der Züchter, bei dem sie bis dahin gelebt hatte, sie nicht mehr wollte. Sie brauchte also ein gutes Zuhause. Mein Opa war Polizist und hatte ständig mit Schäferhunden zu tun, und als er meinen Eltern von ihr erzählte, sagten sie, sie würden sie nehmen.

Misty hatte kurz zuvor einen ganzen Wurf Welpen verloren und litt nun unter Scheinträchtigkeiten. Deshalb meinte unser Tierarzt, es wäre gut, wenn sie noch einmal Junge bekommen würde. Als ich zwei Jahre alt war, bekam sie sechs Welpen, von denen aber leider drei starben. Mein Opa nahm einen, der Besitzer des Hundevaters den zweiten, und der dritte, Hickson, blieb bei uns.

Hickson war mit einer Hasenscharte und ohne Augenlider geboren worden. Außerdem hatte er Probleme mit der Haut. Meinen Eltern war daher klar, dass es schwierig sein würde, ein Zuhause für ihn zu finden. Die Leute wünschen sich nun mal perfekte Welpen, und sogar ich muss zugeben, dass Hickson eine Herausforderung war.

Weil er keine Augenlider hatte, erkannte man nur an seinem Schnarchen, dass er schlief. Seine Augen blieben immer offen. Er konnte auch nicht blinzeln, sodass ihm ständig die Augen tränten. Meine Eltern mussten ihm die Augen mit speziellen Tüchern auswischen, damit sie sich nicht entzündeten. Durch die Hasenscharte war seine Schnauze vorn gespalten. Manchmal blieb in dem Spalt Futter stecken, und wir mussten ihm auf den Rücken klopfen, um es wieder zu lösen. Das alles klingt ganz schön krass, ich weiß, aber er war ein so netter Hund, dass es uns nichts ausmachte.

Als die Welpen noch klein waren und Leute kamen, um sie sich anzusehen, waren sie immer ganz begeistert von den anderen Kleinen, aber wenn sie Hickson sahen, sagten sie Sachen wie: »Was ist denn mit dem los? Der sieht ja schlimm aus!« Von da an war er mein Liebling.

Hickson selbst kümmerte es nicht, dass er anders war als die anderen Hunde. Er wusste es wohl auch nicht, und er war sehr fröhlich und voller Selbstvertrauen. Sein Fell war schwarz und braun wie bei einem normalen Deutschen Schäferhund, aber viel flauschiger. Als Welpe sah er ein bisschen aus wie ein Wolf, aber er war ein durch und durch sanfter und sehr zärtlicher Kerl.

Hickson und ich wurden bald die besten Freunde und unternahmen alles zusammen. Meine Mum sagt, wir seien unzertrennlich gewesen. Ich kugelte mit ihm auf dem Boden herum, und wir kuschelten in seinem Körbchen. Er war zu hundert Prozent *mein* Hund. Als wir beide ein bisschen älter geworden waren, saß er manchmal vorn auf meinem Skateboard, und wir sausten zusammen über unseren Hof. So ging das sein ganzes Leben lang, bis zu dem Tag, an dem er starb.

Als Hickson noch jung war, meinte ein Tierarzt, er würde mit all seinen Gesundheitsproblemen wohl nicht älter als drei Jahre werden, aber Gott sei Dank wurde er zehn, und er war immer voller Energie und sehr fröhlich. Hickson war also wohl das erste Tier, das ich gerettet habe. Er hatte ein herrliches Leben bei uns. Meine Mum sagte oft im Spaß, er sei mein Schatten, und damit hatte sie recht. Ich vermisse ihn noch heute.

Ich habe meine Familie sehr lieb, und zu meinem großen

Glück verstehe ich mich auch mit meinem Bruder John sehr gut, obwohl er ganz anders ist als ich. – Er ist schüchterner (und redet nicht so viel!). Er ist nur ein Jahr älter als ich, und wir sind gute Freunde. Wir verbringen Zeit miteinander, weil wir es so wollen, nicht, weil wir zur selben Familie gehören. Einige meiner Freundinnen und Freunde verstehen sich überhaupt nicht mit ihren Geschwistern. Aber John und ich haben uns nie richtig gestritten, und wenn er zum Studium weg ist – er studiert Informatik –, vermisse ich ihn sehr.

Dass wir als Familie so eng miteinander verbunden sind, hat vielleicht damit zu tun, dass meine Mum sehr krank wurde, als ich vier Jahre alt war. Sie war dauernd müde, ihr ganzer Körper tat ihr weh, und sie hatte schreckliche Kopfschmerzen. Aber obwohl sie zu verschiedenen Ärzten ging, fand niemand heraus, was ihr fehlte. Es war eine sehr frustrierende Zeit für sie. Sie baute schnell ab, und irgendwann fiel es ihr sogar schwer, morgens aufzustehen.

Die Ärzte erklärten ihr, sie habe eine Depression, und wollten ihr Medikamente dagegen geben. Aber Mum wusste, dass das nicht stimmte. Irgendwann bestand sie darauf, ins Krankenhaus überwiesen zu werden, damit man sie dort untersuchen konnte, und da wurde dann festgestellt, dass sie an einem chronischen Müdigkeitssyndrom (CFS) litt.

Deshalb beschlossen meine Eltern, in die Yorkshire Dales zu ziehen, wo meine Mum aufgewachsen war. So konnte sie näher bei ihren Eltern sein, die ihr bei der Betreuung meines Bruders und mir halfen, wenn es ihr mal wieder richtig mies ging. Dad ist Unternehmer und musste sehr viel arbeiten, und an manchen Tagen fiel es Mum wirklich schwer, einen Fuß vor den anderen zu setzen, geschweige denn, sich um zwei kleine Kinder zu kümmern.

Ich half mit, so viel ich konnte, vor allem wenn ich wusste, dass Mum einen schlechten Tag hatte. Wenn ich mich auf einen Stuhl stellte, konnte ich Geschirr spülen, und ich kümmerte mich ums Bezahlen, wenn wir einkaufen gingen. Ich bin sicher, dass ich deshalb in der Schule so gut in Mathe war. Meine Familie sagt immer, ich musste sehr schnell erwachsen werden, damit ich für Mum da sein konnte, aber ich kannte es ja nicht anders. Dad meint, ich hätte nicht so viel mit meinen Freunden gespielt wie andere Kinder, weil ich Mum nicht allein lassen wollte, aber mir machte das wirklich nichts aus. Meine Mum ist eine wunderbare Frau, und sie ist bis heute meine beste Freundin. Wir können über alles reden, und ich lache mit ihr mehr als mit jedem anderen Menschen.

Insgesamt dauerte die Krankheit ungefähr zehn Jahre, dann ging es ihr langsam, aber sicher besser. Es ist schlimm, dass die Ärzte immer noch kein Heilmittel gegen CFS gefunden haben. So bleibt einem nichts anderes übrig, als selbst Möglichkeiten zu finden, um sich zu behandeln. Mum hat vieles ausprobiert – Reiki und Aromatherapie und so weiter. Sie achtete auch darauf, dass sie sich gesund ernährte und viele Vitamine zu sich nahm, und sie informierte sich gründlich über ihre Krankheit. Auch heute noch hat sie manchmal schlechte Tage, an denen sie sich müde und erschöpft fühlt, aber insgesamt geht es ihr viel besser. Sie hat sogar angefangen zu malen und ihre Bilder zu verkaufen, und sie ist viel aktiver als früher.

Während all das geschah und ich älter wurde, wuchs meine Begeisterung für Pferde. Ich schaute mir jede Pferdesendung im Fernsehen an, und all meine Lieblingsbeschäftigungen hatten irgendwie mit Pferden zu tun. Ich las sämtliche Einhorn-Bücher von Linda Chapman, und als ich sieben Jahre alt war, fing ich an, ihr Briefe zu schreiben. Ich habe zwischen fünfzig und sechzig Postkarten aufbewahrt, die sie mir im Laufe der Jahre schrieb. Als ich die erste bekam, fühlte ich mich, als hätte mir ein Superstar geschrieben. Ich war etwas ganz Besonderes! Bis heute habe ich mit ihr über Facebook Kontakt – sie ist sehr nett.

Ich weiß nicht, woher die Faszination für Pferde kam, weil niemand sonst in meiner Familie pferdeverrückt ist. Meine Eltern ritten nicht, und John interessierte sich viel mehr für Computerspiele als für irgendetwas sonst. Ich war also die Einzige mit dieser Begeisterung. Vielleicht hat es damit zu tun, dass ich auf dem Land aufgewachsen bin und jeden Tag Pferde sah. Wie auch immer, ich liebte sie sehr, und das ist so geblieben.

Nach den ersten Reitausflügen auf Eseln saß ich mit fünf Jahren zum ersten Mal auf einem richtigen Pony. Im Bainbridge Riding Centre hatte ich regelmäßig Reitunterricht. Meistens ritt ich auf einem sehr freundlichen Pony namens Timmy. Timmy hatte Arthritis und schlurfte vor sich hin, aber das machte mir nichts aus. Er gehörte zur Rasse Welsh Section C und war ein ganz reizendes Kerlchen. Ich ritt jeden Samstag auf ihm, und er war immer nett zu mir.

Es gefiel mir gut dort, aber ich träumte immer noch davon, mal ein eigenes Pferd zu haben. Und eines Tages wurde dieser Traum ganz unerwartet Wirklichkeit.

Als ich sechs Jahre alt war, erzählte mir meine Mum von einem vierzehn Jahre alten Kleinpferd namens Badger, also »Dachs«. Der Besitzer war an Krebs gestorben, und Badger trauerte sehr um ihn. Er war zutiefst deprimiert, weil ihm niemand die Liebe und Aufmerksamkeit schenkte, die er brauchte, und deshalb wurde er krank. Eine Cousine meiner Mutter, Carine, die mit dem Besitzer befreundet gewesen war, hatte das bemerkt und gesagt, sie würde sich um ihn kümmern. Sie besitzt einen großen Bauernhof und hätte auch Platz für ihn gehabt, aber da sie schon so viele andere Tiere hatte, konnte sie ihn nicht auf Dauer behalten.

Als Carine Badger abholte, war er extrem übergewichtig. Alle waren schockiert, wie schnell er von einem fröhlichen, gesunden Pferd zu einem kränklichen Pummel geworden war.

Früher war er sehr gut versorgt und jeden Tag geritten worden. Jetzt aber hatte er fast keine Bewegung mehr. Er stand allein auf einer Weide, wurde praktisch nicht mehr bewegt und nahm immer mehr zu. Seine Depression trug natürlich noch mit dazu bei.

Carine hatte schon angefangen, Badger wieder auf die Beine zu bringen, als sie eines Tages meine Eltern fragte, ob sie ihn nicht haben wollten. Sie wussten, dass ich mich darüber unendlich freuen würde, und sagten Gott sei Dank Ja. Vermutlich machten sie sich Sorgen über die viele Arbeit, die damit verbunden sein würde, aber sie wussten, ich würde beim Füttern und Ausmisten helfen, so gut ich konnte.

Als ich Badger zum ersten Mal sah, lief ich gleich zu ihm hin und umarmte ihn. Oder jedenfalls versuchte ich es. Er war ja etwa doppelt so groß wie ich und sehr »rundlich«, es war also gar nicht so einfach. Unglaublicherweise nahm er fast sechzig Kilogramm ab, nachdem er zu uns gekommen war.

Damals wohnten wir in einem Haus in Harmby und hatten keinen Stall, also hielten wir Badger auf einer großen Wiese hinter dem Haus. Meine Eltern kümmerten sich um ihn, wenn ich in der Schule war, aber sobald ich nach Hause kam, war ich an der Reihe.

Badger war zwar nicht in Bestform, aber für mich war er perfekt – weil er mir gehörte. Es kam mir nicht einmal in den Sinn, dass er ein bisschen zu dick war. Er war ein wunderschönes Pferd, eben ein kleiner Cob, eher kurzbeinig und kräftig gebaut, kein schlankes Rennpferd.

Am Anfang war er nicht besonders glücklich, aber das änderte sich schnell, und nach ein paar Wochen bei uns kehrte seine gute Laune zurück. Diese großartige Verwandlung war wunderbar zu beobachten. Je mehr er abnahm, desto mehr Energie hatte er. Ich fing sogar an, auf ihm zu reiten, aber irgendwie hatten wir, meine Eltern und ich, immer noch das Gefühl, dass etwas nicht stimmte.

Wir verstanden uns bestens, aber ich spürte an der Art, wie er beim Reiten auf mich reagierte, dass etwas fehlte. Er buckelte immer wieder, wie es Pferde oft tun, wenn ihnen etwas wehtut.

Schließlich fanden wir heraus, dass er sich den Hals ausgerenkt hatte.

Das passiert nicht oft, und die meisten Besitzer merken es nicht. Aber durch die Schmerzen wird ein Pferd unleidig und bockig. Die Besitzer denken dann, sie müssten strenger mit ihm umgehen und es strafen, und dadurch wird alles nur noch schlimmer.

Wenn man ihn ansah, kam man nicht auf die Idee, dass mit seinem Hals etwas nicht stimmte. Aber weil wir herausfinden wollten, warum er so nervös war, ließen wir ihn von einem Tierarzt untersuchen. Der Tierarzt sah sofort, was Badger fehlte, und wir waren sehr erleichtert. Badger bekam Physiotherapie, und der Tierarzt renkte seinen Hals wieder ein. Das hörte sich schrecklich an, es hallte richtig, ich erinnere mich bis heute daran. Badgers Hals knackt heute noch manchmal, und weil er inzwischen auch ein bisschen Arthritis hat, hört man es deutlich, aber ihn scheint das alles nicht zu kümmern.

Nach dieser Behandlung hielt Badger seinen Kopf allmählich wieder höher. Außerdem erkannte er uns und freute sich, wenn wir zu ihm kamen. Für meine Familie war das Leben mit einem Pferd etwas ganz Neues, aber Carine und einige andere Pferdebesitzer im Reitstall gaben uns Tipps, wie wir mit Badger umgehen sollten. Alles andere mussten wir uns selbst beibringen, aus Büchern und aus dem Internet.

Badger machte mich zu einer noch größeren Pferdenärrin. Ich hatte jetzt drei Mal in der Woche Reitunterricht, und samstags besuchte ich einen Kurs über Pferdepflege. Mein ganzes Leben drehte sich nur noch um Badger. Ich führte sogar ein Tagebuch, in dem ich alles aufschrieb, was wir erlebten. Manchmal waren es nur Kleinigkeiten, zum Beispiel ein Spaziergang um die Koppel, aber ich liebte ihn so sehr, dass ich alles im Gedächtnis behalten wollte.

Dieses Tagebuch führte ich, seit ich sechs Jahre alt war und bis ich sechzehn wurde. Jeder andere würde es wohl schrecklich langweilig finden, aber ich bin froh, dass ich alles aufgeschrieben habe, was Badger und ich am Anfang miteinander erlebten. Ich schrieb sogar eine Geschichte über ihn. Vielleicht war das ein gutes Training für mein späteres Schreiben.

Hier ein paar Auszüge aus den ersten Tagebüchern:

25. Juli 2008

Ich war heute beim Reiten. Es hat großen Spaß gemacht, und es war sehr warm. Wir hatten 25 Grad, deshalb sind wir nur Schritt gegangen, damit Badger nicht so schwitzt. Nächste Woche fahren wir nach Portugal in die Ferien, aber ich mag Badger nicht verlassen. Ich will nicht hier weg. Meine Freundin kümmert sich um ihn, aber ich bin trotzdem traurig.

24. August 2008

Gestern war ich mit Badger zum ersten Mal auf einem Turnier. Ich war sehr aufgeregt, aber er hat es gut gemacht. Beim Springen haben wir keinen einzigen Fehler gemacht, und ich habe sogar eine Rosette bekommen, die jetzt am Kühlschrank in unserer Küche hängt!!!! Beim Dressurreiten haben wir auch mitgemacht, aber die Preisrichter haben gesagt, meine Handschuhe hätten die falsche Farbe. Mum hat mir gesagt, ich solle mir keine Gedanken machen, wir hätten toll ausgesehen. Ich bin so stolz auf Badger! Er ist mein kleiner Star.

11. Oktober 2008

Heute war ich zum ersten Mal in meinem neuen Ponyclub!! Es hat mir sehr gut gefallen. Es ist kein echter Ponyclub, wir haben ihn uns nur ausgedacht, ich und ein paar Freundinnen. Ich war mit Badger dort und habe meine Freundinnen getroffen, und es waren auch ein paar neue Freundinnen dabei. Wir haben die Pferde gesattelt und aufgezäumt, dann sind wir aufgestiegen und haben die Pferde auf dem Rundkurs aufgewärmt, und dann sind wir gesprungen, was soooo toll war. Ich habe manchmal Schwierigkeiten mit dem Gleichgewicht, aber das wird schon besser. Danach haben wir etwas gegessen und einen Ausritt über die Wiesen gemacht. Und ich bin zum ersten Mal GALOPPIERT!! Das hat Spaß gemacht. Um drei Uhr waren wir zurück und sind nach Hause gegangen. Es war der schönste Tag meines Lebens! Badger ist jetzt sehr müde, und ich auch!

23. Mai 2009

Jetzt habe ich ein paar Monate nichts geschrieben, weil ich verletzt war. Ich bin ein paar Mal böse gestürzt, weil Badger immer so buckelt. Und wir wussten nicht, warum. Einige Leute dachten, er sei einfach ungezogen, aber Mum und ich wussten, dass mit ihm etwas nicht stimmte. Er würde mir ja nie absichtlich wehtun! Mum hat dann beschlossen, einen Tierarzt zu holen, der auf Pferde spezialisiert ist, und tatsächlich, Badger hat Schmerzen. Er hat sich den Hals ausgerenkt, und das tut schrecklich weh. Kein Wunder, dass er immer buckelt, er wollte mir damit etwas sagen. Ich habe ein ganz schlechtes Gewissen, weil ich immer versucht habe, auf ihm zu reiten, obwohl er Schmerzen hatte. Ich verstehe auch gar nicht, dass es keiner gemerkt hat. Jetzt wird er behandelt und ist auf dem Wege der Besserung. Ich darf vier Wochen nicht auf ihm reiten, aber das ist mir egal. Hauptsache, er wird wieder gesund.

27. November 2009

Wir haben einen neuen Freund für Badger und Pepper bekommen. Er hieß Patch, aber wir haben ihn umbenannt, weil er bei uns einen neuen Anfang machen soll. Jetzt heißt er Paddy. Paddy ist ein Jahr alt und wurde ein bisschen vernachlässigt. Er ist sehr scheu und nervös. Auf der Nase hat er eine Narbe, dort fehlt auch Haar, und sein Körper ist mit hufeisenförmigen Narben übersät. Er ist sehr dünn. Wir haben ihn erst seit gestern, aber er scheint schon ein bisschen glücklicher zu sein. Ich glaube, er weiß, dass er jetzt in Sicherheit ist. Badger scheint ihn zu mögen. Er küsst ihn immer wieder auf die Nase.

Mein nächstes Pferd war Pepper. Meine Eltern und ich wünschten uns einen Gefährten für Badger, damit er nicht so allein war. Als wir also von einem Pferd hörten, das ein neues Zuhause brauchte, waren wir froh.

Pepper ist allergisch auf Mückenstiche und hatte in der Nähe eines Waldes gelebt, wo er ständig gestochen wurde. Bei uns gab es nicht so viele Mücken.

Als wir ihn bekamen, war er in einem schrecklichen Zustand. Er hatte kahle Stellen im Fell und einen schlimmen Juckreiz. Deshalb biss und kratzte er sich ständig und hatte überall offene Stellen. Das Fell fiel ihm wirklich büschelweise aus. Dem armen Kerl ging es gar nicht gut. Wir machten uns große Sorgen, aber nach einer Behandlung durch den Tierarzt wurde es besser.

Ich bin nie auf ihm geritten, weil er ein Mini-Shetlandpony und damit viel zu klein für mich ist, aber er war der perfekte Weidegenosse für Badger. Kein Witz – es war, als hätte Badger den kleinen Pepper adoptiert. Die beiden mochten sich vom ersten Moment an. Ich frage mich, ob Badger wohl spürte, dass Pepper eine schwere Zeit durchgemacht hatte. Wenn wir jemanden treffen, der es schwer hat, reagieren wir ja auch so. Und Badger hatte genau dieses Mitgefühl und Verständnis für Pepper.

Badger machte einen Spaziergang rund um seine Wiese, und Pepper folgte ihm, als wäre es das Normalste auf der Welt. Sie spielten miteinander und kraulten sich das Fell. Pepper wusste nicht, wie man aus einem Eimer frisst oder wie man sich benimmt, wenn Menschen in der Nähe sind, aber Papa Badger zeigte ihm alles.

Bald waren sie die besten Freunde, und bis heute sind sie unzertrennlich. Pepper ist ein lieber Kerl, sehr sanft und zahm und verschmust, und Badger kümmert sich immer noch um ihn.

Als ich ungefähr zehn Jahre alt war, ging ich jeden Samstag zum Ponyclub, und kurz darauf fing ich auch an, Turniere zu reiten. Es war kein streng reglementierter Club, nur ein paar Freundinnen, die sich trafen, um Spaß miteinander zu haben.

Ich machte nicht »die Runde«, wie es viele Kinder tun. »Die Runde machen« heißt, dass man verschiedene Zusammenkünfte in Landhäusern und echt vornehmen Reitclubs besucht. Da geht es sehr streng zu, man braucht die richtige Ausrüstung und Kleidung und muss sich sehr gut benehmen.

Mir war es lieber, das wegzulassen, weil ich mich nicht wohlfühlte, wenn ich unter Druck stand.

Ich schaute mir auch ein paar andere Ponyclubs an, aber die meisten waren sehr versnobt, was mir gar nicht gefiel. Die Mädchen, die »die Runde machten«, nahmen alles furchtbar ernst, und es herrschte ein ziemliches Konkurrenzdenken. Ich wollte nur Freude an meinem Pferd haben, nicht damit angeben. Bei den gesetzten Veranstaltungen gingen die Leute auch nicht besonders freundlich miteinander um. In meinem Club waren wir nett zueinander, machten uns auch mal schmutzig und hatten Spaß. Zickenkriege und das ganze Gerede hinter dem Rücken – das lag mir nicht. In den anderen Clubs kannten sich die meisten schon seit Jahren und gingen auf teure Schulen. Ich passte da nicht hinein, und das war mir auch ganz recht so.

Mein Ponyclub war sehr bodenständig. Man konnte auftauchen, wie man wollte, niemand schaute auf die Kleidung, während man in anderen Clubs immer perfekt sein musste. Es war fast, als trügen sie eine Uniform. Für jede Disziplin – also für Dressur oder Crossreiten – brauchte man dort andere Kleidung. Meine Freundinnen und ich trugen einfach immer Kapuzenpullover und Jodhpur-Reithosen.

Wir machten dieselben Sachen wie andere Clubs, aber bei uns wurde immer viel gelacht. Uns ging es nur um unsere Liebe zu Pferden. Wir kamen nicht auf die Idee, zu den Olympischen Spielen zu fahren, wirklich nicht. Wir machten Ausritte und sprangen, aber wir spielten auch Pferdefußball. Einmal haben wir uns alle Plastikbecher mit Skittles-Kaubonbons auf den Kopf gestellt und sind dann so geritten. Es ging darum, möglichst viele Bonbons in dem Becher zu behalten, während wir ritten. Ich bin mir ziemlich sicher, dass das so bald keine olympische Sportart wird.

So ein Reitplatz ist eigentlich nichts anderes als ein großer Spielplatz mit Sand und einem Zaun außen herum. Letztlich ist es eine Koppel mit Sandboden. Ich muss immer an einen kleinen Strand denken, aber »richtige« Reiter würden mir da vielleicht nicht zustimmen. Und es gäbe wohl auch Schwierigkeiten, wenn man sich einfach mittendrin hinlegen und ein Sonnenbad nehmen würde.

Springreiten wird oft auf so einem Platz geübt, und es gibt Spiegel, damit man sich beim Reiten sehen kann und weiß, was man verbessern muss. Ein Großteil des Trainings findet dort statt, um die Technik zu verbessern und sich zum Beispiel auf Turniere vorzubereiten. Man kann dort aber auch einfach nur Spaß haben und alle möglichen Tricks lernen.

Cobs sind manchmal ziemlich athletisch, sie werden oft auch fürs Crossreiten eingesetzt. Verglichen mit den Ponys meiner Freundinnen war Badger echt klein; sie hatten alle eher Tiere in Rennpferdgröße. Er würde bei Turnieren auf höherer Ebene also kaum mithalten können. Aber das machte mir nichts aus. Für mich war er perfekt. Viele Leute hätten ihn wohl gegen ein anderes Pferd eingetauscht, wenn sie fortgeschrittene Reiter wurden. Und auch zu mir sagten viele, es sei Zeit für ein neues Pferd. Aber das wollte ich nicht. Ich liebte Badger zu sehr, obwohl er mich immer mal wieder abwarf.

Tatsächlich war Badger nicht besonders brav und auch ein wenig schreckhaft, sodass ich fast jeden Samstag mindestens einmal auf dem Boden landete. Die Kombination aus seiner Unberechenbarkeit und meinem schlechten Gleichgewichtssinn führte dazu, dass ich immer mal wieder im Dreck lag, während Badger in die Ferne schaute und so tat, als hätte er nichts gemerkt. Zum Glück habe ich mir nie etwas gebrochen. Es gab ein paar blaue Flecken, aber keinen bleibenden Schaden. Jedenfalls dachte ich das …

Irgendwann war es mir nicht einmal mehr peinlich, dass ich so oft runterfiel. Es passierte derart häufig, dass meine Freundinnen schon Witze darüber machten. Manchmal wurden sogar Wetten angenommen, wie lange es wohl dauern würde, bis ich wieder unten lag. Meistens lachte ich dann, obwohl ich schmutzig geworden war und es gelegentlich auch ganz schön wehtat.

Badger war also nicht unbedingt das ideale Turnierpferd, aber ich war trotzdem wild entschlossen, Preise mit ihm zu gewinnen. So schnell würde ich mich von ihm nicht ins Bockshorn jagen lassen! Manchmal warf er mich mitten in einem Turnier ab und rannte weg, aber auch das machte mir nichts aus. Alle schauten mich entsetzt an und sagten mal wieder, ich bräuchte ein anderes Pferd. Aber ich wusste, dass Badger das Zeug zum Sieger hatte. Ich musste nur immer wieder mit ihm antreten und mein Bestes geben. Und wenn die Leute uns auslachten, was sie mehr als einmal taten, na und? Badger und ich hielten die Köpfe hoch und waren stolz auf alles, was wir erreichten.

Die Reiterwelt kann ziemlich ekelhaft sein, sehr versnobt und voller Grüppchen und Cliquen. Wenn du nicht das schnellste Pferd oder den richtigen Namen hast, will keiner was von dir wissen. Und dann musst du auch noch die richtige Markenkleidung tragen, sonst schauen sie auf dich herab. Es ist keine fröhliche Welt, in der man andere Menschen und Pferde willkommen heißt. Wenn dein Pony nicht den Standards entspricht, bist du schnell draußen. Es gibt viel unnötige Zickenkriege dort. Dabei gibt es durchaus Leute, die einfach nur gern reiten und nicht zeigen wollen, wie viel Geld sie haben.

Das Model Katie Price hat echt viel zu kämpfen gehabt, aber sie hat versucht, etwas zu verändern. Ich fand das, was sie mit ihren Pferden machte, immer toll. In der Reiterwelt ist sie nicht besonders beliebt, weil sie nicht den allgemeinen Klischees entspricht, aber gerade deshalb bewundere ich sie. Bei einem Reitturnier sollen alle dasselbe anhaben und aussehen, als trügen sie Uniform. Und dann kommt Katie mit ihren bunten Farben und sieht aus, als hätte sie Spaß und würde sich überhaupt nicht darum kümmern, was die anderen sagen. Schließlich hat die Kleidung ja auf die Frage, ob man ein guter oder schlechter Reiter ist, überhaupt keinen Einfluss.

Ich muss zugeben, dass ich immer eher so war wie Katie. Den Klischees entspreche ich überhaupt nicht. Die anderen kamen in frisch gebügelten weißen Blusen und schwarzen Reithosen zum Turnier, ich in einem neon-pinkfarbenen T-Shirt und mit einem lilafarbenen Helm. Ich hatte Glück, dass man mich überhaupt zur Teilnahme zuließ – manchmal wird man disqualifiziert, wenn man nicht die richtigen Farben trägt.

Und manchmal kümmerte sich auch niemand richtig um mich, wenn ich bei Turnieren auftauchte, weil es ja offensichtlich war, dass ich mit dem armen Badger keinen Blumentopf gewinnen würde. Das fand ich sehr unhöflich. Wenn ich mit Pepper beim Springreiten aufgetaucht wäre, okay, das wäre wirklich lächerlich gewesen, aber Badger hatte genauso große Chancen wie jedes andere Pony.

Als ich vierzehn Jahre alt war, gewannen wir zum ersten Mal ein Turnier. Es war ein Springturnier, und es fühlte sich gut an, aber ich fand nach wie vor nicht, dass es sonderlich wichtig war. Badger bekam an diesem Abend ein paar Extra-Leckerchen, und ich konnte die erste Rosette an seine Box nageln, aber mein Leben veränderte sich dadurch nicht. Danach gewannen wir noch so manche weitere Rosette, und ich heftete sie alle an die Pinnwand in meinem Zimmer. Mit

Paddy, meinem zweiten Reitpferd, gewann ich auch ein paar Mal. Das war schon eine Leistung, aber wenn ich ehrlich bin, muss ich zugeben, dass ich wohl nie ein Talent für Ascot hatte.

Doch obwohl wir keine Turnier-Asse waren, hätte ich an meinen Pferden nichts geändert. Manchmal bin ich schockiert, wenn ich mitbekomme, wie Pferde behandelt werden. Sie sind so wunderbare Tiere und so individuelle Charaktere, aber manche Leute haben keinen Respekt vor ihnen und wollen sie einfach nur loswerden, wenn sie ihren Ansprüchen nicht mehr genügen. Daran wird sich nur dann etwas ändern, wenn einflussreiche Leute etwas unternehmen, und ich sehe niemanden in einer solchen Position, der den Mut hat, gegen den Strom zu schwimmen und zu sagen, dass da etwas falschläuft. Das Jagdreiten zum Beispiel ist wirklich furchtbar. Ich weiß, dass die Fuchsjagd auf echte Füchse bei uns in England inzwischen verboten ist, aber es passiert immer noch, und es ist entsetzlich, altmodisch und grausam. Die Hunde werden extra für die Jagd gezüchtet, und wenn sie den Ansprüchen nicht genügen, werden sie oft eingeschläfert. Viele Tiere leiden für einen grausamen Sport.

Badger und Pepper waren sechs Jahre bei mir, als Paddy zu uns kam. Wir fanden die Anzeige im Internet, und er war in einem so schlechten Zustand, dass wir ihn sofort kaufen wollten, um ihn zu retten. Die bisherigen Besitzer behaupteten, er sei fünf Jahre alt und man könne ihn reiten, aber schon auf dem Foto sah man, dass das nicht der Fall war. Er sah viel jünger aus.

Meine Eltern und ich fuhren hin, um ihn uns anzusehen. Dazu mussten wir eine unheimliche Straße mitten in einer Siedlung aus Sozialwohnungen entlangfahren. Am Ende der Straße lag eine sumpfige Wiese mit Stacheldraht rundherum, und darauf stand dieses arme Pferd, das vielleicht ein Jahr alt war. Der Typ, der es verkaufte, fragte, ob ich es mal reiten wollte. Wir waren entsetzt. In diesem Alter sollte ein Pferd noch keinen Sattel tragen, weil es noch im Wachstum und in der Entwicklung ist. So etwas kann dauerhafte Schäden verursachen. Die meisten Pferde werden erst mit vier oder fünf Jahren geritten, einige sogar noch später. Die einzigen Pferde, die früher geritten werden, sind Rennpferde. Mit ihnen fängt man an, wenn sie ein oder zwei Jahre alt sind, aber die armen Kerle müssen auch mit sechs oder sieben Jahren aufhören, weil sie dann körperlich am Ende sind.*

Es widerstrebte uns wirklich, jemandem Geld zu geben, der Tiere so schlecht behandelte. Aber wir wollten Paddy auch nicht da lassen, wo er war. Er sah so unglücklich aus, und im Grunde hatten wir ja schon beschlossen, ihn mitzunehmen.

Auf dem Weg zurück nach Yorkshire schlief der arme Paddy im Anhänger ständig ein. Er war offenbar sehr erschöpft. Es war, als würde er erleichtert aufatmen, weil er endlich von diesem schrecklichen Ort wegkam. Auf der Weide waren noch ein paar andere Pferde gewesen, und es tat mir richtig leid, dass wir sie nicht alle mitnehmen konnten. Ich betete, dass jemand sie retten würde.

Wir wissen bis heute nicht, was Paddy dort passiert war, aber als wir ihn zu Hause genauer anschauten, stellten wir fest, dass er Brandwunden und Narben von Schlägen mit einem Gurt hatte. Außerdem war seine Nase mal genäht worden. Entsprechend hatte er auch vor allem Angst. Es war wirklich, als hätte man ihn verbrannt. Er spürte seine Narben, und ich wünschte wirklich, ich wüsste genauer über ihn Bescheid. Dann könnte ich sein unberechenbares Verhalten vielleicht besser verstehen, das er bis heute manchmal zeigt.

Heute sieht man die Narben nicht mehr, weil sein Fell

darüberliegt, aber es ist klar, dass er bis heute unter den Folgen der damaligen Behandlung leidet. Wir mussten ganz, ganz kleine Schritte mit ihm machen, damit er sich langsam bei uns einlebte; sonst flippte er aus. Er hatte Angst vor uns und geriet in Panik, wenn wir auf ihn zugingen. Also setzten wir uns auf der Weide auf umgedrehte Eimer und warteten, bis er zu uns kam. So bauten wir langsam sein Vertrauen auf. Dabei mussten wir absolut ruhig sitzen bleiben, um ihn nicht wieder zu verschrecken. Manchmal konnte das Stunden dauern. Aber ganz allmählich fing er an, positiver auf uns zu reagieren. Offenbar begriff er, dass wir ihm nicht wehtun wollten. Er hatte viele schlimme Erinnerungen an sein früheres Leben, und wir hatten große Mühe, ihn all das vergessen zu lassen.

Als Paddy endlich zuließ, dass wir uns ihm näherten, bestand der nächste Schritt darin, ihm ein Leckerchen zu geben und dann wieder wegzugehen, damit er sich nicht bedrängt fühlte. So bekam er eine positive Reaktion von uns und lernte, dass wir auf ihn zukamen, um ihm etwas Gutes zu tun. Wir legten auch einen Ball auf die Wiese und gingen wieder weg, und dann kamen wir zurück und nahmen den Ball wieder weg. Es gab also keinen Druck für ihn, den Ball anzunehmen, wenn er nicht dazu bereit war. Eines Tages legte ich den Ball wieder hin, und er ging darauf zu und stupste ihn an. Das war ein Riesenfortschritt.

Paddy war daran gewöhnt, viel zu arbeiten. Also legten wir ihm einen Sattel auf den Rücken, ohne ihn ansonsten zu irgendetwas zu zwingen. Er sollte sich nur daran gewöhnen und merken, dass wir nichts von ihm verlangten, was er nicht mochte. So konnten wir ihn allmählich an uns und das Leben bei uns gewöhnen. Wir gaben ihm viel Zeit, in diesem ganz und gar neuen Leben anzukommen.

Er war sehr wild und brauchte lange, um ruhiger zu werden. Bis heute bekommt er schnell Angst. Jahrelang hasste er Männer. Inzwischen ist das besser geworden, aber er hasst immer noch laute Stimmen. Wenn er Geschrei hört, muss ich hingehen und ihn beruhigen.

Wir brauchten etwa ein Jahr, bis er einigermaßen Vertrauen zu uns gefasst hatte. Am Anfang lief er ganz ans Ende der Wiese, um nur von uns wegzukommen. Das war sehr traurig. Ich wusste, dass ich ihn so behutsam wie möglich behandeln und ihn in Ruhe lassen musste, bis er von selbst auf mich zukam.

Badger benahm sich großartig ihm gegenüber und half ihm, Vertrauen zu fassen. Er war Tag und Nacht in seiner Nähe, als wäre er sein Mentor. Er war sehr fürsorglich und leckte ihn sogar ab, wenn Paddy Futter im Gesicht hatte. Manchmal stolperte Paddy auch beim Gehen, und dann blieb Badger stehen, damit er zu ihm aufschließen konnte. Er war sehr geduldig mit ihm. Wenn Paddy mit dem Bein in den Zaun geriet, wartete Badger bei ihm, bis jemand von uns kam und ihm half. Er wich ihm nicht von der Seite und beruhigte ihn, indem er ihn anstupste, während wir ihn befreiten. Er war wirklich lieb zu ihm.

Paddy ist bis heute manchmal sehr schreckhaft und braucht viel Bestätigung. Mir macht es nichts aus, dass er nie ganz »normal« sein wird. Manche Leute fürchten, er könne mir etwas tun, aber ich kenne ihn, und wir haben eine sehr enge Verbindung zueinander, sodass ich ihm vollkommen vertraue. Ich trainiere mit ihm, was er sehr genießt, und schenke ihm jede Menge Liebe. Wir tun einander gut.

Es dauerte noch Jahre, bis ich Paddy das erste Mal ritt. Er sollte erst vollkommen bereit dazu sein – aber das ist ja eigentlich selbstverständlich. Da zur gleichen Zeit Badger in

»Rente« ging, passte der Zeitpunkt perfekt. Badger war alt geworden; heute genießt er seinen Ruhestand auf der Wiese und hat nach wie vor Spaß mit seinen Freunden.

Ich war zwar immer gern mit Tieren zusammen, aber ich war auch ein lebhaftes, redseliges Mädchen. Daran hat sich bis heute nichts geändert. Ich wollte schon immer neue Sachen ausprobieren und konnte zum Beispiel bereits mit fünf Jahren Quad-Bike fahren. In den Kindergarten und in die Schule ging ich auch gern, obwohl ich dort ständig Ärger bekam. Ich war nicht ungezogen und spielte auch keine bösen Streiche, aber ich redete sehr viel, und deshalb bekam ich ständig von den Lehrerinnen und Lehrern zu hören, ich solle ruhig sein.

Die Grundschule lag etwa zehn Minuten von unserem Haus entfernt, und in meiner Klasse waren nur zehn Kinder, weil wir in einer dünn besiedelten Gegend wohnten. Erst ein paar Jahre später begriff ich, dass meine Schule anders war als andere, vor allem, wenn wir zu Wettkämpfen mit anderen Schulen fuhren. Wir mussten uns immer ein paar Spieler von den anderen ausleihen, um überhaupt eine Mannschaft zustande zu bringen. Sie waren so viele, was mir fremd und seltsam vorkam. Schön war bei uns vor allem, dass wir uns alle kannten und alle eng miteinander verbunden waren. Aber natürlich standen wir auch ständig unter Beobachtung. Wahrscheinlich war das der Grund, warum ich gelegentlich Ärger bekam.

Die Oberschule lag zwanzig Minuten von zu Hause entfernt; dorthin fuhr ich mit ein paar anderen Kindern im Minibus. Doch auch diese Schule hatte insgesamt gerade einmal dreihundert Schülerinnen und Schüler; das fühlte sich immer noch recht klein an.

Weil ich so viel Zeit mit den Pferden verbrachte, fielen bei mir manche Dinge aus, die Durchschnittsteenager so machen. Ständig war ich damit beschäftigt, den Stall auszumisten, während meine Freundinnen shoppen gingen oder sich zum Mittagessen trafen. Ständig Partys oder Besuche in Pubs und Clubs – das war nichts für mich. Und ich habe nicht das Gefühl, etwas verpasst zu haben, ehrlich nicht. Ich bin keine Partymaus, und so seltsam das auch für manche Leute klingen mag, ich habe meine Zeit immer am liebsten mit meinen Tieren verbracht.

Auch als ich älter wurde, war ich eigentlich nur in der Schule mit meinen Freundinnen zusammen, und ich war auch nie eins von den Mädchen, die ihre Freundinnen anrufen, sobald sie zu Hause sind. Stattdessen lief ich sofort nach der Schule hinaus auf die Wiese zu den Pferden. Oder ich spielte mit unseren Hunden.

Von meinen Schulfreundschaften sind mir einige geblieben, aber im Grunde meines Herzens bin ich wohl eher eine Einsiedlerin. Ich bin gern allein, und es kommt mir gar nicht in den Sinn, unbedingt ein Treffen fürs Wochenende organisieren zu müssen.

Meine Freundinnen und Freunde gehen gern aus, vor allem jetzt, während des Studiums. Für mich wäre das kein Leben. Lange Zeit dachte ich, mit mir stimme etwas nicht, und ich fragte mich, ob ich nicht schrecklich langweilig sei. Aber letztlich muss man einfach tun, was einen glücklich macht. Und ich bin nun mal eine Einsiedlerin und bleibe am liebsten zu Hause. Wenn meine Freundinnen etwas organisieren und mich einladen, mit ihnen auszugehen, denke ich oft: »Muss ich wirklich? Ist das jetzt wichtig?« Meistens gehe ich nur mit, um den Kontakt nicht zu verlieren, und schon gar nicht, um etwas zu trinken. Viel lieber würde ich eine einzelne Person zu Hause besuchen und mit ihr Zeit verbringen, damit wir richtig miteinander reden können. Ich mag nicht schreien, um irgendeine laute Musik zu übertönen. Und ja, ich weiß, ich klinge, als wäre ich hundert Jahre alt.

Versteht mich nicht falsch, ich gehe durchaus unter Leute, aber eher selten. Ich gehe gern ins Fitnessstudio, verbringe Zeit mit meinen Tieren und bin draußen an der frischen Luft. Das ist mir viel lieber, als mich aufzubrezeln und in die Stadt zu gehen, um mich zu betrinken. Wenn ich mich mit Freundinnen treffe, gehen wir Tee trinken und Kuchen essen, oder wir treffen uns bei einer von uns zum Abendessen. Ich gehe nur sehr selten richtig »aus«, höchstens mal zu einer Veranstaltung, bei der es um Pferde geht.

Die nächste Großstadt in unserer Nähe ist Darlington. Dort gibt es viele Läden und Restaurants, aber die Stadt ist viel zu weit weg, als dass wir allein dorthin gekommen wären. Manchmal sah ich im Fernsehen oder in den sozialen Medien Teenager, die am Samstagabend ausgingen, und fragte mich, ob ich das nicht auch mal machen sollte. Aber mit Alkohol oder Clubs hatte ich nie etwas am Hut. Ab und zu informierte ich mich im Internet über Promis und dachte, so ein glamouröses Partyleben hätte ich auch gern. Aber als ich etwas älter wurde, begriff ich, dass ich mit meinem eigenen Leben ganz zufrieden bin.

Weil an mir eher ein Junge verloren gegangen ist und ich so gern draußen bin, schien es mir nur natürlich, in der Schule das Fach »Landwirtschaft« zu belegen. Wir hatten einen eigenen Bauernhof auf unserem Schulgelände, wo wir alles lernen konnten, was damit zusammenhängt. Die Gruppe bestand nur aus Jungen, abgesehen von mir und meiner besten Freundin Kim. Wir lernten, wie Lämmer geboren werden und wie man eine Kuh melkt, und wir alle beschäftigten uns gern mit Tieren, sodass wir sehr viel gemeinsam hatten. Wir fütterten die Hühner, sammelten die Eier ein und molken die Ziegen, lauter typisch bäuerliche Arbeiten.

Zu dieser Zeit waren wir die einzige Schule in ganz Großbritannien mit einer solchen Möglichkeit. Inzwischen gibt es so etwas nicht mehr, weil man der Ansicht war, es handele sich um keine echte Ausbildung. Das finde ich sehr schade. Ich fände es gut, wenn Schulkinder weiterhin diese Möglichkeiten hätten. Für mich war es ein sehr wichtiger Teil meiner Ausbildung und Erziehung.

Übrigens wurden in diesen Kurs auch diejenigen Schüler geschickt, die immer mal wieder Schwierigkeiten machten. Sie sollten Disziplin und harte Arbeit kennenlernen, und für die meisten war das eine gute Sache. Ein paar Jungen veränderten sich total durch den Landwirtschaftsunterricht, weil sie endlich etwas hatten, was sie richtig gern und vor allem richtig gut machten. Nichts fördert das Selbstbewusstsein mehr, als wenn man etwas gut kann, was man gern tut.

Was meine Liebe zu Pferden anging, so waren mir meine Freundinnen aus dem Ponyclub sehr ähnlich. Aber in der Schule hielten mich wohl einige für etwas verschroben, weil ich so gern mit Tieren zusammen war. Auf meinem Stiftemäppchen war ein Pferd aufgedruckt, und auch auf meinem Heft, auf dem Füller und auf meinem Schulranzen ... Die meisten meiner Freundinnen interessierten sich eher für Jungen und Musik, sodass wir auch darüber sprachen, wenn wir zusammen waren. Ehrlich, ich habe nicht ständig nur von den Pferden geredet. Einige Mädchen in der Schule beschäftigten sich auch mit Frisuren und Make-up, Dinge, die mir vollkommen egal waren. Noch heute kommt es selten vor, dass ich mich schick anziehe, und wenn ich bei den Pferden bin, habe ich höchstens ein bisschen Fettstift auf den Lippen.

Man kann schon froh sein, wenn ich mir wenigstens die Haare gebürstet habe.

Damit ist sicher klar, dass Pferde wirklich der Dreh- und Angelpunkt meiner Kindheit waren. Sonntags ging ich aber auch gern mit den Jungs zum Fußballspielen in unseren Park. Ich war immer schon relativ groß (jetzt bin ich eins achtzig), was für den Fußball ganz günstig war. Mein Dad war der Manager der Mannschaft, sodass ich mit meinem Bruder zusammen spielen konnte. Darauf freute ich mich die ganze Woche. Dann gab es aber ein neues Gesetz, nach dem Mädchen unter sechzehn nicht mehr mit den Jungen zusammen spielen durften. Ich war wirklich stocksauer darüber.

Beruflich wollte ich immer schon etwas mit Tieren machen. Eine Weile dachte ich, ich könnte vielleicht Tierärztin werden, aber dann wurde mir klar, dass ich kein Blut sehen kann. Ich kippe um, wenn ich welches sehe. Das war also nichts. Eine Tierärztin, die kein Blut sehen kann, das ist, als wollte sich ein Nichtschwimmer bei den Rettungsschwimmern bewerben.

Plan B lautete, Schriftstellerin zu werden. Aber meine Grammatik war nicht besonders gut und meine Rechtschreibung eine echte Katastrophe. Also gab ich den Plan auf, bis ich irgendwann feststellte, dass man seine Rechtschreibung mit ein bisschen Anstrengung verbessern kann. Außerdem ist es doch so: Wenn man Leidenschaft besitzt und eine starke Geschichte hat, muss nicht jedes Wort perfekt sein. Das habe ich mit der Zeit gelernt. Und dann gibt es ja auch noch die Rechtschreibprüfung per Computer.

KAPITEL 2

Ein kleines Wunder

Selbst die Pferdenarren unter meinen Freunden verloren ihr Interesse, als sie älter wurden. Sie fingen an, mehr über abendliche Einladungen und Veranstaltungen sowie über ihre Pläne fürs College zu reden als über Pferde. Allmählich fragte ich mich, ob mit mir wohl etwas nicht stimmte, weil ich immer noch so fasziniert war. Ich wollte eigentlich nur Zeit mit Badger, Paddy und Pepper verbringen. Aber vielleicht sollte ich auch einmal an meine Zukunft denken!

Die meisten Freundinnen und Freunde wollten nach der sechsten Klasse der Oberschule und den Abschlussprüfungen vor Ort bleiben, um ihren A-Level zu machen. Ich war die Einzige, die nicht in diese Richtung dachte, und fühlte mich ein wenig fremd. Mein Plan war es, ans Richmond College zu gehen. Dafür musste ich eine Dreiviertelstunde fahren.

Meine A-Level-Fächer waren Sport, Gastgewerbe, Englisch und Theater; Letzteres, weil ich zu dieser Zeit darüber nachdachte, Schauspielerin zu werden. Die Abschlussprüfung in diesem Fach hatte ich mit Bravour gemeistert, und so fragte ich mich natürlich, ob ich auf diesem Weg weitergehen sollte. Ich hatte an der Schule viel Theater gespielt, von *Matilda* bis *Titanic,* und das auch immer sehr genossen. Aber die Theaterwelt ist sehr wettbewerbsorientiert. Im Rückblick denke ich, dass ich nicht genug Enthusiasmus besaß, um es in diesem Bereich zu schaffen.

Als ich aber das Richmond College zum ersten Mal betrat, wusste ich sofort, dass wir nicht füreinander bestimmt waren. Nachdem ich bisher immer an sehr kleinen Schulen gewesen war, kam es mir riesig vor. Ich war an dreihundert Schülerinnen und Schüler gewöhnt, und hier waren es auf einmal dreitausend, und sie schienen alle viel cooler und weltläufiger zu sein als ich. Ich fühlte mich überfordert und ein wenig verloren.

Als mir schon am zweiten Tag beim Aufwachen davor graute, zur Schule zu gehen, wusste ich, dass ich mich falsch entschieden hatte. Ich wollte Richmond wirklich gern eine ehrliche Chance geben, aber schon die Lage war falsch, die Fahrt war viel zu lang. Ich kam immer erst im Dunkeln nach Hause und hatte deshalb zu wenig Zeit für meine Pferde. Am vierten Tag hasste ich es so sehr, dass ich mich mit meinen Eltern zusammensetzte und ihnen sagte, ich würde nicht mehr dort hingehen. Wenn es mir schon nach vier Tagen derart widerstrebte, wie sollte ich zwei Jahre lang durchhalten? Ich bin ein bodenständiges Mädchen, und deshalb dachte ich, ein näher gelegenes College würde besser zu mir passen. Aber es sollte sich herausstellen, dass mir auch das nächste College nicht entsprach.

Ich verließ Richmond und bekam noch einen Platz am Wensleydale College, der Oberstufe meiner alten Schule, wo auch alle meine Freundinnen und Freunde waren. Dort belegte ich das Schwerpunktfach Sport, weil ich mir überlegt hatte, Reitlehrerin zu werden. An diesem College gefiel es mir durchaus, aber nach ein paar Wochen in Wensleydale wurde mir klar, dass ich eigentlich nicht für das College geschaffen war. Ich wollte mit meinen Tieren an der frischen Luft sein, nicht in einem Klassenzimmer hocken. Es kam mir vor, als würde ich eine Rolle spielen. Tatsächlich ging ich nur aufs College, weil es von mir erwartet wurde. Aber mit sechzehn ist man ja auch noch ein wenig jung, um den ganz eigenen Platz in der Welt zu finden und zu entscheiden, was man mit dem Rest seines Lebens anfangen will. Manchmal muss man eben etwas ausprobieren, um herauszufinden, dass man es nicht will.

Da ich aber nicht als Versagerin dastehen wollte, beschloss ich, noch eine Weile weiterzumachen in der Hoffnung, dass das Leben am College mir auf wundersame Weise anfangen würde zu gefallen. Meine Mitschülerinnen und Mitschüler waren wirklich nett, und wir machten interessante Sachen zusammen, aber irgendetwas sagte mir, dass ich auf dem falschen Weg war. Sofort nach Schulschluss rannte ich nach Hause und zu den Pferden. Und dann war ich zum ersten Mal an diesem Tag zufrieden. Ich fragte mich die ganze Zeit, ob es nicht eine Möglichkeit gab, Geld mit dem zu verdienen, was ich am liebsten tat, nämlich mit Pferden zusammen zu sein. Aber mir fiel nichts ein. Gab es einen solchen Beruf überhaupt?

Im November 2012 hatte ich vier Monate College hinter mir und fand es immer schwieriger, mich dafür zu begeistern. Außerdem musste ich für mein Schwerpunktfach natürlich sehr viel Sport treiben und bekam Schmerzen im unteren Rücken, vor allem beim Laufen und bei den Mannschaftssportarten. Mein Bruder hatte während der Pubertät heftige Wachstumsschmerzen gehabt, sodass ich annahm, es handele sich um etwas Ähnliches. Ich machte daher einfach weiter, so gut ich konnte. Aber manchmal waren die Schmerzen wirklich unerträglich, und ab und zu musste ich sogar aussetzen.

Das alles war ziemlich frustrierend, aber ich konnte ja

nicht ahnen, dass bald jemand – oder etwas – in mein Leben treten und alles verändern würde …

Eines Tages war ich auf der Weide und fütterte die Pferde, als eine Frau namens Caroline, die in unserer Nähe ein Gestüt betreibt, mit ihrem Auto anhielt und mich zu sich rief. Sie sagte zu mir: »Ich habe im Moment zu viele Pferde und muss ein paar davon abgeben. Darunter ist auch ein kleines Shetlandpony, sechs Monate alt. Er ist kleiner als die anderen, genauer gesagt, er ist kleinwüchsig, ich kann ihn also nie für die Zucht einsetzen. Würdest du ihn gern übernehmen?«

Als Caroline mit ihrer Hand anzeigte, wie klein dieses Pony war, glaubte ich ihr nicht. Wie konnte ein Pferd so klein sein? Das war doch nicht möglich! Doch ohne lange nachzudenken sagte ich: »Ja, warum nicht?« Ich fragte mich nicht einmal, ob das eine gute Idee war und ob ich nicht eigentlich jetzt schon zu viele Tiere hatte. Und ich fragte mich auch nicht, was meine Eltern dazu sagen würden. Es fühlte sich einfach nur richtig an.

Caroline lud mich ein, sie zu besuchen und das kleine Pferdchen kennenzulernen. Also ging ich ein paar Tage darauf zu ihrem Stall. Sie nahm mich mit zur Koppel, und ich war so erschrocken, als ich den Winzling sah, dass ich anfing zu lachen. Er war ein winziges Knäuel aus zottigem Fell. Und er stand ganz allein mitten auf einer halb überschwemmten Wiese. Ich sah ihn an, das struppige Haar, die kurzen Beinchen, und dachte: *Was um Himmels willen ist das?* Die Wiese war so sumpfig, dass er ein Stück eingesunken war und noch kleiner wirkte, als er ohnehin schon war. Ich konnte seine Beine kaum sehen.

Ich war sprachlos. Dann lief er ein bisschen herum, und obwohl er so struppig und verdreckt war, fand ich ihn einfach nur niedlich. Fohlen haben ja immer ein lockiges Fell, und er war länger nicht gestriegelt worden, sodass er ein bisschen aussah wie ein Rockmusiker aus den Siebzigerjahren. Und dann noch diese lange Mähne! Er erinnerte mich an Sully aus *Die Monster AG*.

Ich verliebte mich Hals über Kopf in ihn, und es war vollkommen klar, dass ich ihn übernehmen würde. Kaum zu glauben, dass jemand auf die Idee kam, ihn wegzugeben. Es war wohl Liebe auf den ersten Blick – für uns beide.

Züchter warten normalerweise mit dem Verkauf von Shetlandponys, bis sie ganz ausgereift, also etwa zwei bis drei Jahre alt sind. Manchmal warten sie sogar noch länger, bis die Ponys schon ein paar Erfolge hatten, und oft wartet man auch noch den Zahnwechsel ab. Denn während des Zahnwechsels können Pferde manchmal ein bisschen nervös werden, und die Züchter fürchten um ihren guten Ruf, falls eins von ihren Pferden jemanden beißt.

Dieses wunderbare kleine Pony wurde mein Little Alf. Und so stelle ich mir seine Vorgeschichte vor und das, was er zu diesem Zeitpunkt schon erlebt hatte: Alfie wurde an einem strahlend sonnigen Tag im April 2012 auf einer Wiese geboren, und als er da war, fiel keinem Menschen auf, dass er ein bisschen anders war als andere Fohlen. Seine Mum war elf Monate trächtig gewesen und hatte dann Wehen bekommen. Wie alle werdenden Mütter hatte sie ziemliche Schmerzen und legte sich auf den Boden, um sich auf die Geburt ihres Fohlens vorzubereiten. Normalerweise bekommen Stuten nur ein Fohlen auf einmal. Wenn es Zwillinge sind, stirbt leider oft eins.

Manchmal bekommen Pferde auch Medikamente, um die Geburt zu erleichtern, aber weil Alfie so klein war, verlief seine Geburt wohl ohne Schwierigkeiten. Auf dem Gestüt hatte vorher niemand eine Ahnung, dass Alfie ein bisschen anders sein würde. Seine Mum war während der Trächtigkeit ganz normal dick.

Als Alf geboren war, leckte seine Mum ihn sauber und wartete, bis er von selbst aufstand. Fohlen müssen innerhalb von vierzig Minuten aufstehen und auch stehen bleiben, sonst stimmt etwas nicht mit ihnen. Das ist in etwa so wie bei den Menschenbabys, bei denen man auch weiß, dass alles in Ordnung ist, wenn sie schreien. Wenn die Fohlen erst mal auf die Füße gekommen sind, sollten sie innerhalb von zwei Stunden herumlaufen und bei ihrer Mutter trinken. Mutterstute und Fohlen finden schnell eine Beziehung zueinander, sodass Alf sich wahrscheinlich ganz rasch sicher und geborgen fühlte. Die ersten sechs Monate trinken die Fohlen im Wesentlichen bei ihrer Mutter, bis sie entwöhnt werden. Aber sie fressen vom ersten Tag an auch Heu und Gras. Wenn man bedenkt, wie gierig Alf ist, hat er wahrscheinlich alles gefuttert, was er zwischen die Zähne bekommen konnte.

Pferde, die auf einem Gestüt geboren werden, sollen normalerweise verkauft werden. Es geht nicht darum, sie als Haustiere zu behalten, und wenn ein Pferd doch auf dem Gestüt bleibt, dann soll damit weitergezüchtet werden. Züchter sind darauf angewiesen, sich einen guten Ruf zu erarbeiten. Wenn allgemein bekannt ist, dass sie Pferde von guter Qualität hervorbringen, können sie sie für mehrere Tausend Pfund verkaufen. Wenn ich also ein Gestüt hätte und dafür bekannt wäre, dass ich gesunde, schöne Pferde züchte, dann wüssten die Leute eben, dass sie von mir beispielsweise einen guten Vollblüter bekommen könnten.

Normalerweise besteht so ein Gestüt aus Ställen und sehr viel Weideland. Manchmal leben die Pferde mehr auf der

Weide als im Stall. Das Gestüt, von dem wir Pepper bekamen, hatte überhaupt nur Weiden, die Pferde wurden also draußen geboren – letztlich auf einer nassen, matschigen Wiese. Shetlandponys sind sehr robust, es ist also gar kein Problem, sie das ganze Jahr über draußen zu halten. Mit einem teuren Rennpferd jedoch würde man so etwas nicht machen. Elite-Gestüte haben mehr Möglichkeiten; da gibt es dann auch schon mal Sofas und Satellitenfernsehen in den Ställen.

Der Hof, auf dem Alf lebte, hatte sich auf Shetlandponys spezialisiert, die in der Regel als Spielkameraden oder erste Reitpferde für Kinder gekauft werden. Manchmal werden sie auch auf Ausstellungen gezeigt, weil sie so wunderschöne Tiere sind, aber Rennpferde sind sie natürlich nicht, dafür sind sie nicht schnell genug. Wenn Alf die normale Größe gehabt hätte, wäre er vielleicht als erwachsener Hengst in der Zucht eingesetzt worden.

Nur wenige Leute wissen, wie intelligent Shetlandponys sind. Wenn sie besonders klein sind, können sie als Assistenzpferde ausgebildet werden und denselben Job machen wie Assistenzhunde. Außerdem gelten sie als gutmütig, sanft, mutig, aber auch ungeduldig, kräftig und frech. Diese Beschreibung passt bis aufs i-Tüpfelchen auf Alf.

Wenn ein Fohlen kleinwüchsig ist, müssen beide Elterntiere die entsprechende genetische Veranlagung haben. Alfies Mum und Dad tragen also die Anlage zur Kleinwüchsigkeit in sich. Die Chance, dass die Fohlen die Kleinwüchsigkeit erben, liegt bei 75 Prozent. Da aber die meisten Fohlen mit dieser Störung sofort getötet werden, bekommt man kleinwüchsige Shetlandponys nur selten zu sehen. Abgesehen von der Tatsache, dass sie besonders klein sind, haben sie relativ große Köpfe, dicke Bäuche und schiefe Zähne. Zu meinem

Glück ist das alles bei Alfie nur wenig ausgeprägt, sodass seine Gesundheit nicht so stark in Mitleidenschaft gezogen ist.

Alfs Mum und Dad leben jetzt zusammen in Boroughbridge, etwa eine Autostunde von mir entfernt. Ich stehe in Kontakt mit ihren neuen Besitzern, denn als ich die erste Nummer meiner Zeitschrift herausbrachte, kauften sie durch Zufall ein Exemplar und erfuhren alles über Alf. Daraufhin schickten sie mir eine E-Mail, in der sie mir berichteten, dass sie sich jetzt um Alfs Eltern kümmern. Und darüber habe ich mich sehr gefreut. Ich hatte mir schon Sorgen gemacht, was wohl mit ihnen passiert sei, nachdem Alf geboren wurde. Für die Zucht können sie ja nicht mehr eingesetzt werden, die Gefahr ist zu groß, dass sie noch einmal ein kleinwüchsiges Fohlen hervorbringen, und dieses Risiko würde kein Züchter eingehen. In solchen Fällen wird der Hengst sofort kastriert, und dann schickt man beide in den »Ruhestand«, was alles Mögliche heißen kann. Wir reden hier nicht von warmen Hausschuhen, Kaminfeuer und Schaukelstuhl …

Selbst erfolgreiche Rennpferde, die nicht mehr mithalten können und verkauft werden, landen unter Umständen beim Pferdemetzger. Als ich vierzehn Jahre alt war, hörte ich von einem Mädchen, das sein Pferd »abgab«. Ich begreife nicht, wie man so etwas tun kann. Bis heute halten mich manche Leute für verrückt, weil ich mein allererstes Pony noch immer habe, aber ich würde doch nicht ein Tier töten lassen, nur weil es meinen Ansprüchen nicht mehr genügt! Kein Wunder, dass bei mir immer wieder heimatlose Streuner landen.

Als ich Alf zum ersten Mal sah, war er ungefähr so groß wie jetzt. Er hatte sich am Anfang ganz normal entwickelt und dann einfach aufgehört zu wachsen. Erst als er etwa vier Monate alt war, begriffen die Züchter, dass etwas mit ihm nicht stimmte. Da fiel ihnen dann auch auf, dass er nicht nur kleiner war als die anderen, sondern auch krumme Beine und eher kleine Ohren hatte.

Weil er nicht »perfekt« war, schlossen die anderen Pferde ihn aus; selbst seine eigene Mum tat das manchmal. Er bekam immer noch Milch von ihr, aber sie schenkte ihm nicht mehr so viel Aufmerksamkeit, wie er benötigte. Deshalb musste er früher als üblich entwöhnt werden und hatte nicht genug Kontakt mit anderen Pferden. Die Tiere spürten, dass er anders war, und mieden ihn deshalb. Ich hoffe immer, dass Alf das nicht allzu sehr spürte, weil es mir sehr leid täte, wenn er das Gefühl hätte, nicht gut genug zu sein. Denn er ist gut! Er ist mehr als gut genug.

Da stand er nun also und sah ganz unglücklich aus mit seinen Beinchen im Matsch. Ich wollte am liebsten zu ihm hinlaufen und ihn umarmen. Und vor allem wollte ich ihn retten, damit er ein langes, glückliches Leben haben konnte.

Doch so sehr ich mir das wünschte, ich konnte ihn nicht am gleichen Tag mitnehmen, weil Caroline erst dafür sorgen musste, dass er vollständig von der Muttermilch entwöhnt wurde. Sie sagte mir, sie würde Bescheid sagen, wenn er so weit wäre.

Ich war sehr aufgeregt. Natürlich hatte ich ein schlechtes Gewissen, weil ich ihn von seiner Mutter wegholte. Aber wenn man alles in Ruhe bedachte, war das die beste Lösung. Ich wollte lieber gar nicht darüber nachdenken, was mit ihm passieren würde, wenn ich ihn nicht nahm. Die Züchter hätten vielleicht auch jemand anderen gefunden. Aber wenn nicht, wäre er womöglich erschossen oder zum Pferdemetzger gebracht worden, um als Hundefutter zu enden. – Kein schöner Gedanke.

Als ich an diesem Nachmittag nach Hause kam, erzählte

ich meinen Eltern erst einmal noch nichts von unserem Zuwachs. Ich hatte nämlich große Angst, sie würden sagen, ich könnte ihn nicht aufnehmen. Und das hätte mir das Herz gebrochen. Schließlich hatte ich schon so viele Tiere, da kam es doch auf eins mehr oder weniger auch nicht mehr an. Ich hatte ohnehin daran gedacht, noch ein Pony aufzunehmen, wenn auch nicht gerade eins für die Handtasche. Als meine Eltern mich fragten, was ich den ganzen Nachmittag gemacht hätte, antwortete ich daher nur: »Ach, nicht viel.« Aber ich dachte die ganze Zeit an mein großes Geheimnis. Ich hatte ein schlechtes Gewissen deswegen, aber ich wollte den Gedanken, dass dieser zottige kleine Kerl bald bei uns leben würde, noch eine kleine Weile für mich allein genießen.

Am nächsten Tag ging ich los und kaufte ein kleines Halfter für mein struppiges kleines Shetlandpony und versteckte es in meinem Schrank. Und dann wartete ich geduldig, dass Caroline anrief und mir sagte, wann ich ihn holen konnte. Mehr als zwei Wochen lang hörte ich nichts von ihr, und allmählich machte ich mir schon Sorgen, dass sie ihn jemand anderem gegeben hatte. Das hätte mich wirklich fertiggemacht. Ich fürchtete, dass sie sich, weil ich erst sechzehn war, einen Erwachsenen gesucht hatte, der sich um Alf kümmerte. Schon bei dem Gedanken wurde mir übel.

Endlich, nach vier langen Wochen, ausgerechnet an Heiligabend, rief Caroline an und sagte, ich könne mein neues Pferd noch am selben Tag abholen. Ich war zutiefst erleichtert, dass sie ihn nicht an jemand anderen weitergegeben hatte, aber jetzt gab es ein großes Problem: Ich hatte meiner Familie immer noch nichts erzählt. Es würde schwierig sein, ihn heimlich abzuholen und seine Existenz über Weihnachten geheim zu halten, aber ich musste es wagen. Dad und John waren an diesem Tag bei einem Fußballspiel, und meine Mum erledigte noch ein paar Last-Minute-Einkäufe, deshalb wusste ich, dass ich es wohl zumindest schaffen würde, ihn auf die Weide zu bringen, ohne dass uns jemand sah. Mit den Folgen würde ich mich später beschäftigen.

Ich hüpfte fast den ganzen Weg zu Carolines Stall, weil ich mich so sehr darauf freute, Alf wiederzusehen. Dort angekommen, ging ich sofort zu seiner Weide, und als er mich sah, kam er angetrabt und schlug mit dem Kopf. Er hatte bis dahin kaum Kontakt zu Menschen gehabt, deshalb war es schon etwas Besonderes, dass er mir sofort vertraute. Es klingt vielleicht ein bisschen verrückt, aber es war, als hätten wir sofort eine Verbindung zueinander. Ich glaube tatsächlich, er wusste, dass ich ihn in ein schönes neues Zuhause mitnehmen würde.

Ich warf ihm das Halfter über – zum Glück hatte ich diese wirklich coole Lasso-Technik in den Jahren, die ich mit Pferden zu tun hatte, ganz gut geübt –, und er folgte mir willig zum Tor hinaus. Caroline staunte ziemlich, weil er ja das Halfter nicht kannte. Aber er war total entspannt und ging einfach fröhlich mit.

Weil Alf so klein war, konnten wir ihn hinten in Carolines Land Rover laden und so zu meiner Weide bringen. Aber erst einmal mussten wir ihn dazu bringen, in den Wagen zu steigen. Mit ihm zu laufen war kein Problem, aber in ein Auto klettern … Am Ende musste ich ihn mit Carolines Hilfe hochheben, und wir packten ihn auf den Rücksitz.

Sobald er im Auto war, wirkte er wieder ganz fröhlich. Als wir losfuhren, steckte er den Kopf zwischen den beiden Vordersitzen hindurch wie ein Hund, schaute nach links und rechts und beobachtete, was vor uns los war. Es war seine erste Begegnung mit der Welt außerhalb seiner Weide, und er schien ganz fasziniert. Außerdem stupste er mich ständig mit der Nase an und zog an meiner Kleidung. Wenn man bedenkt, dass er noch nie in einem Auto gewesen war, benahm er sich ziemlich entspannt. Jedes Mal, wenn ich ihn ansah, musste ich lachen. Er war einfach toll. Ich war absolut glücklich über dieses vorgezogene Weihnachtsgeschenk.

Als wir bei meiner Weide ankamen, machte ich die Autotür auf, und er sprang heraus wie ein Hund, ganz ohne Hilfe. Dann schaute er sich die neue Umgebung an, beobachtete alles ganz genau und wieherte laut, als wollte er allen sagen, dass er jetzt da war. Wieder schlug er mit dem Kopf, und dann wieherte er noch einmal. Er tat wohl nur so mutig, weil ihm die neue Umgebung sicher ein bisschen unheimlich war, aber die Show war wirklich gut.

Alf war in dem Alter, in dem er anfing, sich wie ein Hengst zu benehmen, und ich wusste, ich ging ein gewisses Risiko ein, wenn ich ihn einfach so zu meinen anderen Pferden auf die Weide ließ. Aber ich hatte ja keine andere Wahl! Außerdem fand ich, dass er so viel allein gewesen war und sich jetzt endlich an andere Pferde gewöhnen musste.

Also brachte ich ihn zu meiner Weide, und als ich das Tor öffnete, trabte er hinein, drehte sich dann um und schaute mich an, als wollte er sagen: »Was machst du mit mir?« Meine anderen Pferde reagierten auch nicht sonderlich positiv. Sie sind alle Wallache, und jetzt kam dieser junge Hengst daher und lief voller Selbstbewusstsein mit erhobenem Schweif herum und tat so, als gehörte ihm das Gelände. Badger, Paddy und Pepper lebten schon eine ganze Weile zusammen; sie waren aneinander gewöhnt und kamen wirklich gut miteinander aus. Sie müssen diesen komischen kleinen Kerl für einen lästigen Eindringling gehalten haben.

Er stolzierte herum und tat so, als hielte er sich für absolut toll, aber die anderen beeindruckte das nicht. Sie hoben die Köpfe und schnaubten, was ihn aber nicht weiter kümmerte. Was ihm an Körpergröße fehlte, machte er locker durch sein Auftreten wett.

Und er liebte die große Weide. So viel Platz und so viel hohes Gras – er war ganz in seinem Element, und weil meine Weide nicht so sumpfig war, konnte er auch richtig gut herumlaufen. Ich schwöre, einmal sah ich ihn lächeln.

Lange Zeit stand ich am Tor und beobachtete ihn. Er kam immer wieder zu mir und stupste mich und suchte meine Aufmerksamkeit, und ich fand ihn total lustig. Nach etwa einer Stunde, in der er herumstolziert war und versucht hatte, seine Autorität zu sichern, beschloss er wohl, sich mit den anderen auf der Weide anzufreunden. Aber das war nicht so einfach. Wenn er zu ihnen gelaufen kam und mit ihnen spielen wollte, schauten sie ihn wütend an und starrten auf ihn herunter. Das schien ihn aber nicht daran zu hindern, es immer wieder zu versuchen. Er ist nun mal ein tapferer Kerl, und bis heute spielt er den anderen Pferden gern mal einen Streich.

An diesem Tag jedoch waren Badger, Paddy und Pepper irgendwann ziemlich gereizt, sodass ich beschloss, ihn wieder von den anderen zu trennen. Sie mussten sich erst noch an ihn gewöhnen.

Er bekam also einen Abschnitt der Weide für sich, den ich mit Flatterband und Blumentöpfen abtrennte. Das schien ihm ganz gut zu gefallen. Er trabte fröhlich herum, und ich dachte: *Problem gelöst.* Aber sobald ich mich umdrehte und ein bisschen Heu für ihn holen wollte, durchbrach er die Absperrung und rannte los zu den anderen.

Dabei gab er die ganze Zeit verrückte Töne von sich, und ich merkte, dass er den anderen wirklich lästig wurde. Also lief ich hin und versuchte, ihn einzufangen. Gut, dass niemand in der Nähe war und zusehen konnte, denn ich fiel bei dem Versuch drei Mal hin und war am Ende total verdreckt. Außerdem entwischte er mir jedes Mal wieder, sodass ich wohl total lächerlich ausgesehen habe. Er allerdings hatte einen Mordsspaß dabei.

Nachdem er etwa zehn Minuten im Kreis herumgelaufen war, ging er in aller Ruhe auf seine Seite der Weide und blieb stehen. Das war meine Chance. Ich schlich mich auf Zehenspitzen an und war schon ganz stolz darauf, wie listig ich war. Doch genau in dem Moment, als ich ihm wieder das Halfter überwerfen wollte, rannte er weg bis ans Ende der Weide. Vor dem Zaun beschleunigte er sein Tempo noch, ließ sich dann auf die Knie herunter und tauchte unter der Absperrung durch. Hinter dem Zaun befindet sich eine kleine Brücke, die er überquerte, um dann im Wald zu verschwinden. Und das alles in einem Tempo, dass wirklich überraschend war bei einem Pferd mit so kurzen Beinen.

Ich lief ihm voller Panik nach, immer mit dem Gedanken, dass ich ihn schon wieder verlor, nachdem ich ihn gerade erst bekommen hatte. Der Wald war riesengroß, um die acht Hektar, und ich konnte mir nicht vorstellen, ihn dort je wiederzufinden. Und wenn ich ihn nicht fand? Nicht auszudenken!

Außer Atem rannte ich in den Wald und fing an, überall nach ihm zu suchen. Schließlich entdeckte ich ihn. Er stand mitten auf einem Waldweg und sah ziemlich fertig aus. Jetzt hatte er wohl doch Angst vor der eigenen Courage bekommen. Aber er war vermutlich auch deshalb nicht weitergelaufen, weil der Weg durch einige Baumstämme versperrt war. Ich habe keine Ahnung, was sonst passiert wäre.

Da er inzwischen reichlich erschöpft war, hatte ich die

Chance, ihm das Halfter überzuwerfen. Was für ein Erfolg! Doch jetzt weigerte er sich standhaft, auch nur einen Schritt mit mir zu gehen. Er war ja nicht an das Halfter gewöhnt und auch noch nie am Führzügel gegangen. So sehr ich auch versuchte, ihn zu überreden, so sehr ich auch zog, er rührte sich nicht vom Fleck. Dabei war er doch am Anfang so brav gewesen! Er war halt immer noch ein wilder Hengst mit seinem ganz eigenen Kopf. Klein, aber oho.

Ich beschloss, ihn mit ein paar Möhren zu bestechen. Außerdem hatte ich noch Pfefferminzbonbons in der Tasche. Aber da er so etwas noch nie bekommen hatte, war er sehr misstrauisch. Er reckte den Hals und schnupperte daran, aber dann rümpfte er die Nase.

Da stand ich also mitten in einem großen Wald mit dem kleinen Alf und fragte mich, wie um alles in der Welt ich ihn von dort wegbringen konnte. Außerdem fragte ich mich natürlich, wohin ich ihn bringen sollte, wenn er sich endlich bewegte. Ich brauchte einen sicheren Ort für ihn, und auf die Weide konnte ich ihn nicht wieder bringen, weil die anderen Pferde ihn dort nicht willkommen heißen würden. Abgesehen davon, hatte er jetzt begriffen, wie er von der Weide flüchten konnte. Die Chancen standen also gut, dass er es bald wieder versuchen würde.

Da fiel mir ein, dass meine Freundin Diane in der Nähe einen Stall für ihre vielen Rennpferde hatte. Ich wusste, dass der Stall ein sicherer Ort war. Was ich aber nicht wusste, war, ob sie Platz für ein weiteres Pferd hatte. Auch wenn Alf nur eine halbe Portion war. Ich rief Diane auf ihrem Handy an und sagte: »Ich weiß, das klingt jetzt verrückt, aber könnte ich wohl mein neues Pony für eine Weile bei dir unterbringen? Der Kerl ist von der Weide geflüchtet, weil er so klein ist, dass er unter dem Zaun durchkommt.«

Für ein paar Sekunden herrschte Schweigen in der Leitung. Dann lachte sie und sagte: »Was sagst du, er ist unter dem Zaun durchgekrochen? Wie klein ist denn dieses Pferd?«

Ich erzählte ihr von Alfs Kleinwüchsigkeit, und sie sagte: »Klingt ja großartig. Ich habe noch eine Box frei, bring ihn einfach her, wenn du so weit bist.«

Ich war schon längst so weit, aber Alf irgendwie nicht. Mit viel Überredungskünsten brachte ich ihn schließlich dazu, sich mit mir auf den Weg zu machen, und irgendwann kamen wir dort an. Aber es dauerte wirklich sehr, sehr lange.

Dianes Stall lag eigentlich nur fünf Minuten von dem Wald entfernt, aber wir brauchten ungelogen achteinhalb Stunden. Alf blieb immer wieder stehen oder setzte sich sogar hin, weil wir auf einem unbefestigten Weg gingen und seine kleinen Hufe hier und da wegrutschten. Und obwohl er so klein war, war er auch ganz schön kräftig und schwer, sodass ich ihn nicht einfach tragen konnte. Ins Auto heben, das war gerade so gegangen. Da stand ich also. Und wenn wir mal zwanzig Schritte gegangen waren, standen wir wieder. Je mehr ich an seinem Zügel zog, desto heftiger wehrte er sich. Alles nicht sehr hilfreich.

In den Tagen zuvor hatte es ziemlich viel Sturm und Regen gegeben, sodass der Weg voller Wasserlöcher war. Alf konnte durch die meisten nicht hindurchgehen, weil er dafür zu klein war. Er musste also schwimmen. Ich half ihm, so gut ich konnte. Aber jedes Mal, wenn ich dachte, jetzt würde es vorangehen, beschloss er, eine Pause zu brauchen.

Alf hatte noch nie eine Straße gesehen, geschweige denn Autos. Wenn ein Auto vorbeifuhr, drehte er fast durch, drückte sich an den Zaun und setzte sich auf den Hintern wie ein Hund. Ein Schritt vorwärts, zwei zurück. Ein paar Leute hielten an, um ihn anzusehen, sagten mir, wie niedlich er sei, und fotografierten ihn. Ich konnte zu diesem Zeitpunkt ja noch nicht ahnen, dass es so bleiben würde ...

Ich tat mein Bestes, um verständnisvoll zu sein, denn das alles war sicher sehr aufregend für Alf. Er war ja ein vollkommen unbeschriebenes Blatt. Bis zu diesem Tag hatte er nur seine Weide gekannt, und jetzt fuhren auf einmal große Brocken aus glänzendem Metall an ihm vorbei, und er wurde an einer Straße entlanggezerrt – von einem Mädchen, das er kaum kannte.

Ich versuchte, ihm Mut zu machen, indem ich ihm Möhren und Äpfel anbot, aber er starrte mich nur an. Irgendwann gab ich es auf, lehnte mich an eine Trockenmauer und wartete darauf, dass er sich entschied, wie es weiterging. Und ich ertappte mich bei dem Gedanken: *Wie schwierig wird das noch, wenn er sich jetzt schon so benimmt?*

Um die Mittagszeit waren wir losgegangen, und es dauerte bis acht Uhr am Abend, bis wir bei Diane angekommen waren. Sie war schon nach Hause gefahren, also rief ich sie an und sagte ihr, jetzt seien wir da, und ich würde Alf in die Box bringen.

Es war stockdunkel, wir waren beide patschnass und froren, aber sobald wir den Stall betraten, zeigte Alf große Lust, alles zu erforschen. Bei Diane sah es so ähnlich aus wie auf seinem alten Hof, und es muss ihn verwirrt haben, dass er die Pferde nicht kannte, die hier lebten.

Ich brachte ihn also in seine Box, gab ihm Futter und Wasser und sorgte dafür, dass er es bequem hatte. Natürlich machte ich mir Sorgen, dass er sich an diesem fremden Ort unwohl fühlen würde, aber er war ruhiger, als ich erwartet hatte. Vermutlich war er einfach froh – ebenso wie ich –, nicht mehr durch den strömenden Regen laufen zu müssen. Außerdem war der Stall etwas Neues für ihn; er hatte ja bisher immer draußen gelebt. Bis heute gefällt es ihm sehr, wenn es gemütlich und warm in seinem Stall ist, wie in einem kleinen Haus, das ganz allein ihm gehört.

Weil er bisher immer auf der Weide gestanden und nicht besonders gut gepflegt worden war, hing sein Fell in matten, verfilzten Locken. Ich holte mir einen Striegel und bürstete ihn ein wenig, was ihm offenbar gut gefiel. Sobald ich aufhörte, legte er den Kopf schief und stupste mich an. Aber es war nicht nur lustig, denn wenn ich versuchte, seine Füße zu bürsten, nahm er mir die Bürste mit den Zähnen weg und schlug damit gegen die Boxenwand. Das macht er bis heute, es ist einer seiner vielen Tricks

Am Ende musste ich die verfilzten Locken herausschneiden. Bis heute bekommt er immer wieder Dreadlocks, wenn man nicht aufpasst. Jeden zweiten Tag muss ich ihn scheren, sonst verfilzt sein Fell ganz schnell, und dann wird die Pflege sehr aufwändig.

Alf war sehr müde. Mir war klar, dass er erst einmal ausschlafen musste, um wieder zu Kräften zu kommen. Er hatte einen langen Tag hinter sich, war von seinem alten Hof ausgezogen, von der neuen Weide geflüchtet und dann stundenlang durch den Regen gelaufen, um zu einem wieder neuen Zuhause zu kommen. Kein Wunder, dass er überwältigt war. Ich wusste nicht, wie er reagieren würde, wenn ich ihn allein ließ. Er konnte die anderen Pferde hören, war aber von ihnen getrennt, und ich fürchtete, er würde Angst bekommen, wenn ich wegging.

Also blieb ich lange bei ihm sitzen, bis ich davon ausgehen konnte, dass es ihm gutging. Immer wieder streckte er sich nach mir aus, legte mir den Kopf auf die Schulter und schnupperte an mir. Er war sehr anhänglich und zärtlich; da war sie wieder, die starke Verbindung. Ich war gern so viel mit ihm zusammen und hatte ihm seine Eskapaden schon verziehen.

Ich wollte ihn ungern allein lassen, aber die Alternative wäre gewesen, im Stall zu schlafen. Da aber meine Eltern noch nichts von ihm wussten, hätte mich das in eine arge Erklärungsnot gebracht. Es wäre wohl ein bisschen komisch gewesen, einfach zu verschwinden und am nächsten Tag wieder aufzutauchen, durchgefroren, hungrig und voller Heu. Außerdem hätten sie sich Sorgen gemacht.

Also musste ich los. Ich sorgte dafür, dass Alf alles hatte, was er brauchte, und eilte nach Hause. Auf dem Weg dachte ich die ganze Zeit, wie unglaublich es war, dass ich noch ein Pferd bekommen hatte. Und noch dazu eines, das nicht größer war als ein Hund!

Als ich nach Hause kam, war meine Mutter längst von ihrer Einkaufstour zurückgekommen. Sie hatte sich tatsächlich schon Sorgen gemacht, weil sie mich nicht erreichte – der Akku meines Handys war leer. Als sie mich fragte, wo ich gewesen sei, antwortete ich: »Bloß draußen bei den Pferden.« Was ja irgendwie auch stimmte. Ich hatte ein furchtbar schlechtes Gewissen, aber es war einfach nicht der richtige Zeitpunkt, um zu ihr zu sagen: »Ja, weißt du, ich war die ganze Zeit bei meinem neuen Mini-Pony.«

Es klingt vielleicht verrückt, aber ich vermisste Alf in dieser Nacht. Nur zu gern hätte ich meiner Familie von ihm erzählt, aber ich musste den richtigen Zeitpunkt abwarten. Am nächsten Tag war Weihnachten, da hatten alle etwas anderes im Kopf. Zum ersten Mal in meinem Leben waren die Geschenke nicht so wichtig für mich. Ich konnte es kaum erwarten, wieder aufzustehen und Little Alf zu besuchen.

KAPITEL 3

Alf ist da

Als es endlich wieder Morgen wurde, drängte ich meine Familie, die Geschenke früh auszupacken, und danach zog ich mich an, um Badger, Pepper und Paddy zu füttern. Und dann lief ich natürlich rüber, um Alf zu besuchen. Dass ich Weihnachten zu den Pferden ging, war ganz normal, sodass meine Eltern keinen Verdacht schöpften.

Als ich durch die Stalltür kam, schaute Alf zu mir herüber und wieherte. Es war, als hätte er auf mich gewartet. Ich war genauso begeistert wie er.

Ich nahm ihn mit nach draußen, damit er sich den Hof bei Tageslicht anschauen konnte, und es dauerte nicht lange, bis er sich lautstark bemerkbar machte. Sobald eines der anderen Pferde einen Ton von sich gab, stimmte er mit ein. Er war nicht im Geringsten schüchtern. Tatsächlich zog er mich, als wir einen Spaziergang machten, zu einer Weide, wo einige Pferde grasten, schnappte ein paar Mal nach ihnen und tauchte zwischen ihren Füßen hin und her. Es war, als wollte er sagen: »Beurteilt mich nicht nach meiner Körpergröße. Ich bin zwar klein, aber ich habe was zu sagen.« Nicht lange, dann wirkte er so, als gehörte ihm der Hof. Er war und ist immer und überall der Chef. Shetlandponys sind bekannt für ihre selbstbewusste Art, aber Alf ist eher noch frecher. Ich vermute, das liegt an seiner Größe.

Nachdem er sich überall vorgestellt hatte, holte ich mir eine Schubkarre, um rund um seine Box sauber zu machen. Er kam sofort darauf zugerannt und wollte die Karre umwerfen, und als sie nicht gleich umfiel, trat er immer wieder dagegen. Die Schubkarre war viel größer als er, aber das kümmerte ihn nicht. Er sah sie wohl als Herausforderung.

Die ganze Zeit dachte ich, was habe ich nur getan? War das wohl eine gute Idee? Aber er war so niedlich, dass ich die Zweifel schnell wieder zur Seite schob.

Als ich nach Hause kam, wurde mein schlechtes Gewissen wegen meines Geheimnisses noch größer. Ich konnte einfach nicht länger schweigen. Vielleicht würde ich ja Gnade finden, weil Weihnachten war. Also sagte ich meinen Eltern, ich hätte ein Geschenk für sie, aber sie müssten mit zu Dianes Stall kommen, um es zu sehen. Sie sahen beide sehr verwirrt aus. Mein Dad sagte lachend: »Na, hoffentlich nicht noch ein Pferd!« Ich lachte mit, aber meine Panik wurde immer größer.

Also zogen wir alle unsere Mäntel an und gingen zu Dianes Hof. Als ich das Tor öffnete, wieherte Alf sofort. Ich ging mit Mum und Dad zu seiner Box, und sie reckten die Köpfe über die Tür. Ich bin sicher, inzwischen war ihnen klar, dass es sich doch um ein Pferd handelte, aber ihr Gesichtsausdruck, als sie sahen, was sich auf der anderen Seite der Tür befand, war unglaublich. »Das ist Alf.« Ich lächelte sie nervös an.

Ein kleiner Teil von mir machte sich Sorgen, dass sie sagen würden, ich könne ihn nicht behalten. Aber sie hatten ja ein genauso weiches Herz wie ich. Außerdem hatten wir schon so viele Haustiere, dass es wirklich auf noch eins mehr nicht ankam. Und sie hatten ja immer gesagt, ich könne so viele Tiere haben, wie ich wollte, solange ich meine Zeit zwischen ihnen gleichmäßig aufteilte.

Ich erklärte ihnen, dass Alf ein Zuhause brauchte und dass ich ihn deshalb aufgenommen hatte. Und dann wartete ich nervös auf ihre Reaktion. Mein Dad schwieg eine Minute, dann sagte er: »Na, dann willkommen in der Familie, oder?« Ich hätte am liebsten laut gejubelt. Und ich spürte gleich, dass meine Mum auch einverstanden mit der Entscheidung war. Sie ist genauso eine Tiernärrin wie ich, und sie fand Alf ganz eindeutig wunderbar.

Nachdem alles geklärt war, öffneten wir die Tür und ließen Alf hinaus, damit er meine Eltern richtig begrüßen konnte. Nach einem schnellen Hallo galoppierte er zu unserer Überraschung sofort auf die Weide. Weil er so klein ist, konnten wir seine Beine in dem hohen Gras nicht erkennen, sodass es eher aussah, als würde er gleiten und nicht rennen. Er versuchte laut zu wiehern, aber das Geräusch, das er herausbrachte, klang eher wie eine Mischung aus Grunzen und Eselsgeschrei. Wir mussten alle laut lachen. Von diesem Moment an liebten meine Eltern Little Alf genauso wie ich. Gut, dass es Weihnachten gibt!

Mein Bruder lernte Alf erst am zweiten Weihnachtstag kennen, weil er am ersten Weihnachtstag mit den Hunden zu Hause geblieben war. Er fand Alf, glaube ich, erst ziemlich lächerlich, aber inzwischen sind sie gute Freunde geworden. Alf spielt immer mit Johns Schnürsenkeln und knabbert an seinen Füßen. An diesem ersten Weihnachtstag lernte auch meine Freundin Diane Alf kennen. Sie ist eine sehr pragmatische Frau und besitzt viele Rennpferde. Ihre Reaktion war also erst einmal: »Was willst du denn mit dem?« Aber sie fand Alf auch sehr niedlich und hat mich großartig unterstützt.

Meine Eltern und ich fuhren zum Weihnachtsessen mit

meinem Bruder nach Hause. Am Nachmittag ging ich noch mal zum Hof und verbrachte Zeit mit Alf, nicht zuletzt, um ihn zu bürsten. Da stellte ich dann aber fest, dass er nichts gefressen und auch nichts getrunken hatte. Ich machte mit ihm einen kleinen Spaziergang, um zu sehen, ob ihm etwas fehlte, aber draußen fing er sofort an zu grasen. Dann zog er mich zu einer Pfütze und trank von dem Regenwasser. Er hatte offenbar noch nie Pferdefutter bekommen und auch noch nicht aus einer Schüssel getrunken.

Als ich ihn zurück in den Stall brachte, stellte ich seine Wasserschüssel vor ihn hin. Er starrte mich ratlos an und drehte sich dann um. Letztlich dauerte es eine Woche, bis er zum ersten Mal aus der Schüssel trank, und ich musste ihm ganz kleine Futtermengen aus der Hand geben, bis er begriff, dass man auch etwas anderes fressen kann als Gras. Inzwischen kann er gar nicht genug kriegen, aber in den ersten Tagen habe ich mir wirklich Sorgen gemacht.

Weil er so schnell und unerwartet bei uns eingezogen war, hatte ich keine Zeit gehabt, ihm ein Weihnachtsgeschenk zu kaufen. Damit er sich nicht zurückgesetzt fühlte, bekam er ein paar von den Leckerchen, die ich eigentlich für die anderen Pferde besorgt hatte. Er wusste nicht, was das war, und spuckte alles wieder aus. Beim nächsten Mal nahm ich einen Futterball für ihn mit, den ich eigentlich für die Hunde gekauft hatte, tat etwas Pferdefutter hinein und gab ihm den. Er fing an, ihn herumzurollen und damit zu spielen, und es sah aus, als sei er ziemlich geschickt damit. Als ich das sah, fing ich an, darüber nachzudenken, was ich ihm alles beibringen konnte …

In den nächsten Tagen lud ich ein paar Freundinnen ein, ihn zu besuchen, und sie fanden ihn toll, auch wenn eine von ihnen zu mir sagte: »Warum schaffst du dir denn jetzt noch ein Pferd an? Was soll das denn? Du hast doch ohnehin schon keine Freizeit!«

Alfs erster richtiger Freund auf dem Hof, nachdem er aufgehört hatte, die anderen Pferde zu ärgern, war ein normalgroßes Shetlandpony namens Teddy. Teddy ist ziemlich groß, aber sehr nett zu Alfie, und die beiden spielten zusammen, wenn sie draußen auf dem Reitplatz waren. Teddy hatte schon ein paar Pferdefreunde, aber er nahm Alfie unter seine Fittiche und kümmerte sich um ihn. Auch jetzt spielen sie manchmal noch zusammen, und wenn sie sich sehen, wiehern sie beide ganz begeistert. Wenn Teddys Besitzer nicht da ist, kommt Teddy zu uns und übernachtet bei uns. Das findet Alf immer schön.

Zu diesem Weihnachtsfest bekam ich eine tolle Kamera, eine Nikon D3300, und darüber freute ich mich sehr, weil ich unendlich gern fotografiere. Als ich sie ausgepackt hatte, war mir klar, dass Little Alf mein erstes Modell sein würde. Tatsächlich fing ich sofort an, ihn zu fotografieren. In der nächsten Zeit lernte ich viel über Fototechnik und Bildbearbeitung und hatte viel Spaß damit.

Ein paar Fotos stellte ich auf meine Instagram-Seite. Sie waren ein voller Erfolg. Dann lud ich ein paar bei Facebook hoch, und alle liebten Alf und hinterließen sehr freundliche Kommentare. Ich hatte auch schon einen Tumblr-Blog, auf dem ich über alles schrieb, was mit Pferden zu tun hat, und langsam, aber sicher, wurde ein Little-Alf-Blog daraus.

Als ich ein paar Fotos von ihm einstellte, hatte Alf binnen zwei Wochen mehr als tausend Follower – unglaublich! Ich dachte mir, mal sehen, was daraus wird. Ich hatte ja nichts zu verlieren.

Es dauerte ein paar Wochen, bis ich begriffen hatte, wie

man mit dem Blog richtig umgeht, aber dann wuchs die Zahl der Alf-Fans stetig weiter. Allmählich hoffte ich, dass Alf noch etwas bekannter werden würde. Aber wenn man mir damals gesagt hätte, dass es bald eigene Alf-Bücher und -Preise geben würde, hätte ich gedacht, die Leute spinnen.

Ich schaute mir jede Menge Arbeiten von Bloggern und YouTubern an, hatte aber keine Vorstellung, wie ich es ihnen gleichtun konnte. Klar war mir aber, dass es richtig lange dauern konnte, bis man genug Follower hatte.

Dann jedoch änderte ein Foto alles.

Ich postete ein ganz besonders niedliches Foto von Alf, und jemand teilte es und schrieb dazu, er sähe aus wie ein Chicken Nugget. Das fand ich ziemlich witzig. Aber ich hatte nicht damit gerechnet, dass ich binnen kürzester Zeit vierzigtausend Clicks bekommen würde. Das Foto ist immer noch im Umlauf, und jedes Mal, wenn es gepostet wird, steigt die Zahl unserer Follower.

Danach richtete ich für Alf eine eigene offizielle Facebook-Seite und Accounts bei Instagram, Twitter und YouTube ein. Ich lud Fotos und Videos hoch, was keine große Sache war, weil ich sie einfach hineinkopieren konnte. Bald darauf bekam ich die ersten Anfragen von Leuten, die wissen wollten, wann ich wieder etwas hochlade. Zu dieser Zeit schrieb ich den Blog aus Alfs Blickwinkel. Er erzählte von mir und äußerte seine Meinung zu allerlei Dingen. Dass die Leute ihn mochten, machte mich sehr stolz.

Damit noch mehr Menschen auf ihn aufmerksam wurden, ließ ich mir einiges einfallen. Ich brachte ihm bei, eine Teedose von Yorkshire Tea mit den Zähnen aufzuheben (den Tee trinken wir hier alle), stellte das Foto auf Twitter, und die Firma retweetete das Foto und schickte uns eine Geschenkpackung mit einem persönlichen Brief. Es war schon aufregend, dass Alf inzwischen sogar von großen Firmen zur Kenntnis genommen wurde.

Bald hatte er viele echte Fans, und es war verblüffend, wie groß das Interesse war. Bald waren es Tausende, und wenn ich Freunde oder Verwandte traf, fragten sie immer als Erstes: »Wie geht es Alf?« Irgendwie war er in aller Munde.

Als ich im Januar zurück aufs College ging, hatte ich nur noch am Vormittag Unterricht, sodass ich nach der Schule sofort zu Badger, Paddy und Pepper gehen und ein bisschen auf Paddy reiten konnte. Danach verbrachte ich noch zwei Nachmittagsstunden mit Alf. Diane hat einen sehr großen Reitplatz, und ich machte Unmengen von Fotos, auf denen man sieht, wie er durch den Sand sprang. Alfie genoss es, sich mit viel Spaß an seine neue Umgebung zu gewöhnen. In diesen ersten paar Wochen veränderte er sich stark und wurde noch selbstbewusster – wenn das überhaupt möglich war.

Doch während er sich gut einlebte und sehr zufrieden war, fühlte ich mich selbst wie in einem unangenehmen Schwebezustand. Ich hatte noch immer an meinem College-Kurs zu knacken, den ich eigentlich nur weiterbesuchte, weil ich nicht so recht wusste, was ich sonst tun sollte. Das College zu verlassen und mir eine Vollzeitstelle zu suchen – dazu war ich noch nicht bereit.

Der Januar ging dahin, und es wurde immer deutlicher, dass ich nicht mit dem Herzen dabei war. Ich fand den Gedanken unerträglich, jetzt noch zwei Jahre mit etwas zu verschwenden, was mich nicht glücklich machte. Zwar hatte ich ein paar nette Freundinnen dort, aber andere fingen an, über meinen Blog zu lästern. Das konnte ich schlecht aushalten, weil es mir vorkam, als wären sie gemein zu Alf. Wenn sie über mich hässlich geredet hätten, wäre das nicht so schlimm gewesen, aber das Gerede über das »blöde kleine Pferd«, wie jemand es formulierte, versetzte mir einen Stich ins Herz. Dass ich inzwischen nebenbei auch ein bisschen als Model arbeitete, machte die Sache nicht viel besser. Zickenkrieg an allen Fronten …

Das mit dem Job als Model klingt wahrscheinlich komisch, weil es überhaupt nicht zu mir passt. Aber da ich ziemlich hochgewachsen war und mit vierzehn noch einmal kräftig an Größe zulegte, meinten ein paar Leute, ich solle es mal probieren. Es lag mir nicht wirklich, aber je länger ich darüber nachdachte, desto häufiger fand ich: *Warum nicht?*

Als ich sechzehn war, fragte mich eine Fotografin, die in unserer Nähe wohnt, ob sie ein paar Fotos von mir in ihr Portfolio aufnehmen könne. Und wenig später beschloss sie, diese Fotos einigen Agenturen in London zu zeigen. Eine dieser Agenturen lud mich zu einem Treffen ein, und so fuhr ich mit meiner Mum im Zug dorthin, und sie boten mir einen Jahresvertrag an.

Ich hatte keine Ahnung, auf was ich mich da einließ. Mein erstes Casting war schrecklich, weil alles so unpersönlich war. Mit etwa fünfzig anderen Mädchen wurde ich in einen großen Raum gebracht und fühlte mich wie ein Tier, das auf einer Auktion versteigert werden soll. Ich war den ganzen Tag den Tränen nahe, nicht zuletzt, weil einige der anderen Mädchen entsetzlich dünn waren und ganz krank aussahen. Das machte mich fertig. Sie wollten unbedingt Models werden, und für diesen Wunsch riskierten sie sogar ihre Gesundheit. Das konnte nicht meine Welt sein!

Ich wurde zu einigen weiteren Castings eingeladen, aber dieses erste Erlebnis hatte mich so abgestoßen, dass ich mir alle möglichen Ausreden einfallen ließ, wenn mich die Agentur irgendwohin schicken wollte. Ein paar Jobs für Werbung und Broschüren machte ich trotzdem, und ich zwang mich auch dazu, es noch ein paar Mal zu versuchen, aber letztlich war ich immer unglücklich dabei. Mir kam diese ganze Welt sehr zwielichtig vor, und ich wollte auch nicht nur nach meinem Aussehen beurteilt werden. Manchmal wurde ich beim Casting noch nicht einmal nach meinem Namen gefragt, und mit mir reden wollte sowieso niemand. Ich habe in solchen Situationen kein besonders dickes Fell, und zu dieser Zeit schon gar nicht, ich war ja noch sehr jung. Ablehnung ist immer unangenehm, egal in welcher Form. Bald wurde mir klar, dass die Art, wie ich dort behandelt wurde, auf lange Sicht mein Selbstbewusstsein untergraben würde.

Ich war eigentlich immer ein fröhlicher Mensch gewesen, aber das Modeln machte mich unsicher. Ich fing an, an mir selbst zu zweifeln, wenn ich die Jobs, um die ich mich bewarb, nicht bekam. Das war schrecklich, und ich wollte nicht, dass diese Jobs eine negative Wirkung auf mein Selbstvertrauen hatten. Das war es nicht wert. Ich verdiente Geld damit, aber es brachte nicht viel, wenn ich mich bei der Art, wie ich es verdiente, schlecht fühlte.

Aber nicht alle Jobs waren schlecht. Einmal hatten wir ein Werbe-Shooting im Stil von *Black Swan*. Das war sehr cool. Und bei einigen Katalog-Shootings lernte ich sehr nette Leute kennen. Für den Laufsteg war ich nicht dünn genug, deshalb schickte mich nie jemand zu solchen Castings. Und das war gut so, denn ich wäre in den dafür erforderlichen hochhackigen Schuhen wahrscheinlich auf die Nase gefallen.

Ein weiteres Problem ergab sich dadurch, dass die Castings in London oft an Samstagen stattfanden. An diesem Tag wollte ich aber möglichst viel Zeit mit meinen Pferden verbringen. Es war also eine einzige Quälerei. Und das Reisen war ich auch bald leid. Ich liebe London und fand es toll, allein und unabhängig dorthin zu fahren, aber im Grunde genommen war ich immer froh, wenn ich wieder nach Hause kam.

Dazu kam der Druck wegen meines Gewichts. Ich hatte mich auf Größe 36 runtergehungert, aber im Alter von fünfzehn oder sechzehn Jahren wird der Körper nun mal etwas fülliger, und es fiel mir sehr schwer, so dünn zu bleiben, wie man es von mir erwartete. Diesen ständigen Kampf gegen meinen Körper wollte ich nicht mitmachen. Ich wollte mir nicht jeden Tag den Kopf über mein Aussehen zerbrechen, und ich wollte kein schlechtes Gewissen haben, wenn ich etwas aß. Ich esse nämlich sehr gern und litt einfach zu sehr, wenn ich nur Salat knabbern durfte, während meine Familie ein schönes, deftiges Essen genoss. Meine Eltern hatten immer darauf hingewirkt, dass ich Obst und Gemüse aß und nicht ständig Softdrinks trank oder Sachen mit viel Zucker aß. Diese einfachen, vernünftigen Ernährungsregeln für den Erhalt der eigenen Gesundheit kannte und akzeptierte ich. Aber zu dieser Zeit lief alles ein bisschen aus dem Ruder.

Ich aß nicht so viel, wie ich brauchte, und das wirkte sich sehr negativ auf meinen Energiehaushalt aus. Da ich ganzheitlich denke, war mir klar, dass mir das alles nicht guttat. Ich trieb sehr viel Sport, um noch mehr abzunehmen – bis ich spürte, dass mein Rücken noch mehr schmerzte als früher ohnehin schon. Auch meine Rippen taten mir weh. Ich redete mir ein, ich hätte Muskelkater vom vielen Training im Fitnessstudio, und deshalb ging ich auch nicht zum Arzt.

Aber ich hatte im Laufe der Jahre zwei ernsthafte Reitunfälle gehabt, beide Male mit Badger. Vielleicht hatte es ja damit zu tun? Beim ersten Mal war ein Jack Russell Terrier hinter Badger hergelaufen und hatte ihm Angst gemacht. Es war ein frostkalter Morgen, und als Badger anfing zu buckeln, flog ich über seinen Kopf auf den steinharten Boden. Als ich aufstand, hatte ich sehr starke Schmerzen. Ich wusste, irgendetwas war mit meinen Rippen, weil ich nicht richtig atmen konnte. Aber ich ließ mich dummerweise nicht ins Krankenhaus bringen. Und so dauerte es fast ein Jahr, bis die Sache ausgestanden war – ohne Behandlung, nur einfach mit der Hoffnung, es würde schon irgendwann besser werden. Das zweite Mal waren wir auf dem Reitplatz und trainierten Springen, als Badger vor einem hohen Hindernis scheute. Ich fiel herunter und landete sehr unglücklich auf dem Boden. Ein paar Sekunden dachte ich, ich wäre gelähmt. Als ich wieder aufstehen konnte, war ich zwar sehr erleichtert, konnte aber kaum laufen. Mir war klar, dass etwas Schlimmes passiert sein musste.

Beim Reiten holt man sich leicht mal ein paar blaue Flecken, das ist normal, aber diese beiden Episoden waren wirklich besorgniserregend. Doch da ich fürchtete, meine Eltern würden mir deshalb das Reiten verbieten, tat ich so, als ginge es mir gut.

Irgendwann tauchte dann freilich doch die Frage auf, ob ich bleibende Schäden davongetragen hatte. Mein Körper machte seltsame Klickgeräusche, und das Schlimmste war, dass sich mein rechtes Hüftgelenk anfühlte, als würde es gelegentlich herausspringen. Ich hatte so viel mit meinen Tieren, dem College und den Fahrten nach und von London zu tun, dass ich beschloss abzuwarten, ob es von selbst wegging, aber das war wohl keine besonders kluge Entscheidung. Im Rückblick ist mir das klar.

Einige Freundinnen unterstützten mich sehr, was das Modeln anging, und freuten sich, wenn ich Erfolg hatte. Andere erklärten mir rundheraus, ich sei doch viel zu dick, um ein richtige Model zu sein. Oder sie behaupteten, ich würde mich lächerlich machen. Hier und da bekam ich gemeine Kommentare zu hören, aber ich sagte mir immer, dass diese Kommentare mehr über ihre Urheberinnen aussagten als über mich. Die Jungs in meinem Freundeskreis äußerten sich überhaupt nicht dazu, ihnen war das ziemlich egal. Aber für sie war ich ja auch keine Konkurrentin.

Irgendwann wurde der Druck zu groß, und ich verließ die Londoner Agentur, ohne traurig darüber zu sein. Wahrscheinlich war das eine meiner besten Entscheidungen. Seither habe ich noch ein bisschen für Firmen in unserer Region gemodelt, und das waren immer schöne Erfahrungen, weil die Leute dort nicht von mir erwarteten, dass ich aussah, als lebte ich nur von Luft und ein paar Gramm gedämpftem Gemüse. Alle waren sehr freundlich zu mir und hatten nichts an mir auszusetzen. So konnte ich mein Selbstvertrauen ganz gut wieder aufbauen. Niemand verlangte von mir, dass ich mich komplett veränderte, ich war ganz einfach gut genug.

Bis heute mache ich hier und da noch ein paar Modeljobs, vor allem für die Firma Tottie, die Reitausrüstung herstellt. Das ist schon deshalb besonders schön, weil ich dort mit Alfie arbeiten kann. Er ist inzwischen also auch ein Model.

Ende Januar 2014 passierte dann etwas, das dramatische Auswirkungen auf meine Zukunft hatte.

Meine Klasse am College sollte im Rahmen unseres Sportkurses zum Höhlenklettern nach Ingleton fahren. Dort mussten wir auch ein Stück auf dem Bauch durch enge Spalten kriechen, bis wir die großen Höhlen erreichten. Manchmal sind diese großen Höhlen voller Tropfsteine, was wirklich beeindruckend aussieht. Ich war schon oft in Höhlen gestiegen und machte mir keine großen Gedanken deswegen, obwohl mir klar war, dass solche Touren durchaus gefährlich sein können, wenn die Bedingungen nicht stimmen.

Am Morgen der Exkursion hatte es viel geregnet, sodass die Höhlen voller Wasser standen. Mum erklärte mir kategorisch, ich dürfte nicht mitfahren. Immer wieder kommt es bei Höhlenwanderungen zu Unfällen, und unter besonders schlechten Bedingungen kann man dabei sogar sterben. Die Höhlen können innerhalb weniger Minuten überflutet werden, wenn es so viel geregnet hat, und es bestand die Gefahr, dass die ganze Gruppe eingeschlossen wurde. Aber nicht nur Mum hielt das Risiko für zu groß; mein College änderte den Tagesplan und setzte für diesen Tag eine Kajakfahrt an, was man für sicherer hielt. Mir war das eine so lieb wie das andere. Ich fuhr sehr gern Kajak, und dabei liefen wir wenigstens nicht Gefahr, unter der Erde eingeschlossen zu werden.

Wir fuhren also zum Lake Semerwater, einem Gletschersee in North Riding. Die Landschaft dort ist unglaublich schön. Auf den Bergspitzen lag Schnee, und die Sicht war großartig.

Es heißt, dass früher dort, wo heute der See ist, ein Dorf lag. Vor Hunderten von Jahren soll ein Bettler in das Dorf gekommen sein und um Nahrung und Unterkunft gebeten haben, aber überall abgewiesen worden sein. Schließlich sei ein Paar in einem kleinen Haus am Dorfrand doch bereit gewesen, ihn aufzunehmen. Am nächsten Morgen soll er das Dorf mit den Worten verflucht haben: »Semerwasser, steige, Semerwasser, versenke, begrabe das Dorf. Verschone nur das Haus, in dem man mir zu essen und zu trinken gab.« Und so stieg der Wasserspiegel des Sees an und überflutete das gesamte Dorf, sodass alle, die dort lebten, umkamen. Nur das Paar, das freundlich zu dem Bettler gewesen war, überlebte.

Angeblich liegt das Dorf immer noch auf dem Grund des

Sees. Die Geschichte wird seit Generationen weitererzählt. Wer weiß, vielleicht ist sie ja doch wahr?

Mitten in dem See liegt ein riesiger Felsbrocken, und eine andere Legende besagt, ein Riese sei dort mit dem Teufel in Streit geraten, und sie hätten einander mit Felsbrocken beworfen. Einer sei dann mitten im See gelandet. Beide Geschichten klingen ein wenig weit hergeholt, aber sie sorgen dafür, dass viele Touristen an den See kommen. Ein faszinierender Ort ist er ohnehin.

Sobald uns die Sicherheitseinweisung erteilt worden war, zogen wir die wasserfeste Kleidung an und stiegen in die Kajaks. Die erste Stunde war toll, aber als wir umdrehten, um zurück zum Ufer zu fahren, wurde es schwierig. Ich musste gegen den Wind paddeln und konnte das Kajak kaum noch unter Kontrolle halten; die Böen warfen mich regelrecht aus der Bahn. Ich musste meine gesamte Kraft aufbieten, um einigermaßen Kurs zu halten.

Dann kam ein heftiger Windstoß, und ich wurde von der Gruppe getrennt. Der Leiter rief mir zwar Anweisungen zu, aber ich verstand ihn kaum, weil der Wind so heulte. Ich paddelte aus Leibeskräften, um zurück zur Gruppe zu kommen, aber es gelang mir nicht, das Kajak auf Kurs zu halten. Da ich immer sportlich war, habe ich relativ viel Kraft im Oberkörper, aber es funktionierte einfach nicht.

So trieb ich immer weiter von meiner Klasse weg und spürte, wie mein Atem vor lauter Panik immer schneller wurde. Als ich gerade dachte, schlimmer könne es nicht mehr kommen, merkte ich, dass ich mit dem Fuß unter einem der Pedale hängen geblieben war. Mich nach vorn beugen, um den Fuß zu befreien, konnte ich nicht – ich konnte nur herumzappeln und hoffen, dass ich irgendwie freikam. Davon wurde ich so abgelenkt, dass ich nicht merkte, wie heftig mein Kajak schaukelte. Und ehe ich eine Chance hatte, es wieder ruhig zu halten, kenterte es auch schon.

Ich erinnere mich nicht, wie ich ins Wasser fiel, und die ersten Sekunden sind in meiner Erinnerung unscharf. Aber ich weiß noch, dass ich versuchte, aus dem Boot zu kommen. Doch das ging nicht, weil mein Fuß immer noch festhing.

Ich wusste, ich musste den Kopf über Wasser bekommen, aber ich war regelrecht gefangen. Allmählich bekam ich Panik und befürchtete das Schlimmste. Das Wasser war eisig, und ich wusste, wenn ich den Fuß nicht frei bekam, konnte ich das Kajak niemals wieder aufrichten. Die anderen waren immer noch ein ganzes Stück entfernt. Ich wusste nicht einmal, ob sie gesehen hatten, was mit mir passiert war. Ich konnte nur beten, dass mich jemand beobachtet hatte und dass sie sich beeilen würden.

Irgendwie – ich weiß bis heute nicht, wie ich das gemacht habe – schaffte ich es aber doch, das Kajak umzudrehen und an die Oberfläche zu kommen. Meine beiden Schuhe waren verschwunden. Vermutlich habe ich sie mir instinktiv ausgezogen. Ich weiß nicht, ob ich alles verdrängt habe, weil es so furchtbar war – jedenfalls erinnere ich mich nur an ein paar Bruchstücke. Sobald ich mit dem Kopf über Wasser war, schnappte ich nach Luft. Mir war ganz schwindelig vor Sauerstoffmangel, und ich hatte das Gefühl, ich würde gleich ohnmächtig. Außerdem war mir so kalt, dass ich meinen Körper kaum noch spürte. Ich schaute mich um, ob jemand kam, um mir zu helfen, und tatsächlich war der Leiter auf dem Weg zu mir. Er zog mich auf sein Boot und paddelte mit mir zum Ufer.

Inzwischen befand ich mich in einem Schockzustand. Ich zitterte und war unterkühlt, wobei ich das selbst nicht spürte. Das Ganze hatte nur etwa fünf Minuten gedauert, aber ich hatte das Gefühl, alles liefe in Zeitlupe ab und dauere eine Ewigkeit.

Der Leiter fragte mich, was passiert sei, und ich erklärte ihm, dass mein Fuß unter dem Pedal eingeklemmt worden war. Er schaute sich die Pedale in meinem Kajak an, die aus irgendeinem unerfindlichen Grund falsch herum eingebaut waren.

Inzwischen waren meine Mitschülerinnen und Mitschüler an Land und fragten mich, ob ich okay sei, aber ich zitterte so heftig, dass ich nicht mehr sprechen konnte. Ich zog den nassen Pullover aus, und eine Freundin gab mir ihren trockenen Pullover, sodass ich versuchen konnte, mich etwas aufzuwärmen.

Mein rechtes Handgelenk tat weh. Der Leiter erklärte mir, das käme vermutlich vom Paddeln und sei eine leider recht häufige Erscheinung. Ich bekam Stützen für beide Handgelenke angelegt, und dann war es auch Zeit, zur Schule zurückzufahren.

Bis alle in unserem Minibus saßen, war eine halbe Stunde vergangen. Ich zitterte immer noch. Während der Fahrt wurden meine Hände blau, und ich war leichenblass. Freundinnen gaben mir noch ein paar Kleidungsstücke, doch ich wurde einfach nicht mehr warm.

Im College angekommen, bekam ich etwas Heißes zu trinken und setzte mich an die Heizung. Aber ich fühlte mich sehr schlecht, was ich auch darauf zurückführte, dass ich ziemlich viel Seewasser geschluckt hatte. Die Schule rief meine Mutter an, die mich wenig später abholte. Inzwischen war ich in Tränen aufgelöst. Meine Lehrerin empfahl uns, zum Arzt zu fahren, aber ich wollte nur noch nach Hause.

Dort machte mir Mum erst einmal eine Tasse Tee, dann legte ich mich in die Badewanne. Ich hoffte, das heiße Badewasser würde mich auftauen, aber mir war auch nach dem Bad immer noch schrecklich kalt. Ich setzte mich vor den Kamin in unserem Wohnzimmer, aber mir tat alles so weh, dass ich mich auf die Seite legen und zusammenrollen musste. Mein ganzer Körper tat mir weh, vor allem mein unterer Rücken.

Am nächsten Tag fuhr meine Mutter mit mir zum Arzt, damit er sich meine Handgelenke ansah. Außerdem bekam ich Antibiotika, weil ich mir zu allem Übel durch das viele Wasser auch noch einen Infekt geholt hatte. Auch am übernächsten Tag ging ich noch nicht wieder zur Schule, weil ich mich total krank fühlte.

Meine Eltern beobachteten mich mit Argusaugen und befahlen mir, mich am Wochenende erst einmal richtig auszuruhen. Für die meisten Leute wäre das traumhaft, aber mir fiel das sehr schwer, weil ich eigentlich immer aktiv bin.

Am Sonntag ging es mir allmählich besser, also ging ich reiten, um mal wieder an etwas anderes zu denken. Paddy und ich machten uns auf den Weg, aber nach ein paar Minuten tat mir der untere Rücken wieder sehr weh, sodass ich den Ausritt abkürzen musste. In den nächsten Tagen wurde der Schmerz immer schlimmer, und bald konnte ich mich nicht mehr richtig nach vorn beugen. Selbst nachts wurde ich davon wach. Diesmal konnte ich den Schmerz nicht mehr ignorieren.

KAPITEL 4

Ballspiele

Ich berichtete meinen Eltern von meinen Rückenschmerzen, und sie rieten mir, die Sache sofort durch einen Arzt abklären zu lassen. Mum begleitete mich zu der Untersuchung. Der Arzt war gleich davon überzeugt, dass da etwas definitiv nicht in Ordnung war. Er konnte eine Schwellung fühlen, die ihn sehr beunruhigte.

Ich war in der Annahme hingegangen, er würde sagen, ich hätte mich überanstrengt und sollte ein bisschen Gymnastik machen. Tatsächlich hatte ich befürchtet, alle würden mich für ein Weichei halten. Als an diesem Tag jedoch auf einmal das Wort »Krankenhaus« fiel, schaute ich Mum entsetzt an. Der Arzt hielt es aber für unabdingbar, dass ich fachgerecht untersucht wurde, damit man endlich herausfand, was mit mir los war. Er war sich nicht sicher, meinte aber, es könnte mit meinen Stürzen zusammenhängen.

Auf der Heimfahrt sagte Mum zu mir: »Jetzt mal keine Panik. Wenn da wirklich etwas nicht stimmt, werden sie es wieder in Ordnung bringen. Wir sind für dich da und helfen dir; es wird alles wieder gut.« Das hatte ich natürlich hören wollen, aber ich machte mir trotzdem große Sorgen.

Ein MRT wurde angesetzt, und als das Krankenhaus nach zwei Tagen anrief und mir einen Termin in der nächsten Woche anbot, war ich eher noch mehr alarmiert. Dass sie sich so beeilten, war sicher darauf zurückzuführen, dass mein Arzt die Sache sehr ernst nahm.

Mein Dad fuhr mich zur Universitätsklinik in Middlesbrough. Dort schoben sie mich in eine dieser riesigen runden Röhren, um meinen gesamten Körper zu scannen. Das MRT dauerte etwa vierzig Minuten, und die ganze Zeit dachte ich darüber nach, was wohl mit mir los sein könnte. Ich machte mich ziemlich verrückt. Außerdem bin ich ohnehin ungern in engen Räumen. Aber ich wusste ja, es musste sein.

Vor der Untersuchung muss man alles Metall ablegen. Ich hatte allerdings die Jeans anbehalten und nicht daran gedacht, dass sie einen Metallknopf hat. Der wurde dann sehr heiß und verbrannte mir den Bauch. Als der Pfleger mich fragte, ob alles in Ordnung sei, sagte ich: »Nein, der Knopf brennt.« Aber das verstand er bei dem Krach wohl nicht, sodass ich am Ende eine kleine Brandblase am Bauch hatte. Nichts Dramatisches.

Drei Wochen musste ich auf das Ergebnis der Untersuchung warten. Jeden Tag grübelte ich darüber nach, was sie wohl sagen würden. In meinem Rücken krachte es so, dass Leute, die neben mir standen, mich fragten, was los sei. Es fiel mir schwer, nicht daran zu denken. Ich ging immer noch zum College, konnte aber keinen Sport mehr machen und saß die ganze Zeit an der Seitenlinie. Ob ich wohl jemals wieder all die Dinge würde tun können, die mir bisher so selbstverständlich vorgekommen waren?

Meine Mum fuhr mit mir zu dem Besprechungstermin. Dort bekam ich nun endlich die 3D-Bilder meines Rückens zu sehen, was an sich toll war. Aber dann erklärten sie mir, zwei von meinen Bandscheiben im Lendenwirbelbereich seien abgenutzt; außerdem hätte ich vier gebrochene Rippen und zwei gebrochene Wirbel. Es war also wirklich ernst. Sie wussten nicht, wie das alles zustande gekommen war. Die Ursache konnte in einer erblichen Schwäche oder in Verletzungen liegen. Wie mein Arzt schon befürchtet hatte, zeigten die Scans auch einige weitere alte Verletzungen, für die es keine andere Erklärung als meine zahlreichen Reitunfälle gab.

Ich war gerade erst siebzehn, hatte aber den Rücken eines Menschen, der mindestens drei Mal so alt ist. In der Schule hatte ich einiges über Bandscheiben gelernt, wusste also ungefähr, wo sie sich befinden und welche Funktion sie haben. Aber was das alles für meine Zukunft bedeutete, war mir nicht klar.

Der Arzt sagte, ich dürfe mindestens ein Jahr lang keinen Sport mehr treiben. Vor allem aber dürfe ich nicht reiten. Und dann ließ er die Bombe platzen: Wenn die Verletzungsfolgen nicht vollständig ausheilten, sagte er, würde ich vielleicht nie wieder reiten können. Ich erinnere mich noch ganz genau an diesen Moment, der mich in eine tiefe Verzweiflung stürzte.

Reiten war mein Leben, seit ich fünf Jahre alt war. Und es bedeutete mir immer noch alles. Ich versuchte einigermaßen optimistisch zu wirken, aber am liebsten wäre ich auf der Stelle in Tränen ausgebrochen. Ständig dachte ich daran, dass sich mein Leben vollkommen verändern würde. Keine Ausritte mehr nach der Schule oder am Wochenende. Sie hatten meinen Tagen Struktur und Sinn verliehen, und jetzt wurde mir all das genommen.

Im Krankenhaus lernte ich eine ganze Reihe von Übungen für die Rumpfmuskulatur, die ich zu Hause durchführen sollte. Außerdem musste ich regelmäßig zur Physiotherapie. Wenn das nicht half, würde man über eine Operation nachdenken müssen, bei der Ballons in meinen Rücken eingesetzt werden würden, damit mein Rückgrat nicht noch weiter in sich zusammenbrach. Was für eine Vorstellung!

Die Ärztin, mit der ich darüber sprach, sagte, sie würden

alles dafür tun, dass das nicht passierte. Da ich noch jung sei und noch wachsen würde, wollten sie auf eine ganzheitliche Weise versuchen, die Selbstheilungskräfte meines Körpers zu mobilisieren, bevor sie irgendwelche extremen Maßnahmen ergriffen. Der wichtigste Rat, den sie mir gaben, lautete: Keine Stürze mehr. Aber da ich ohnehin nicht reiten durfte, bestand dafür kein allzu großes Risiko.

Die Ärztin war sehr nett und sagte, ich solle unbedingt mein Leben weiterleben. Aber ich dürfe mich eben nicht noch mehr verletzen. Wenn ich nämlich noch einen schweren Unfall hätte, bestünde die Gefahr, dass ich eine dauerhafte Behinderung davontragen würde. Ihr Rat lautete: »Wenn es wehtut, lass es sein.«

Nach dem Termin erklärten mir meine Eltern, ich müsse unbedingt aufhören zu reiten. Ich war ja so verrückt, irgendwo tief in meinem Inneren zu glauben, ich könne vielleicht hin und wieder doch mal auf dem Pferd sitzen, einfach weil ich es so gern wollte. Aber das Risiko war viel zu groß. Auch mit dem Laufen musste ich aufhören, was ebenfalls sehr schlimm für mich war.

Meine Eltern passten auf, dass ich keinen Unsinn machte. Sie wussten genau, wann ich Schmerzen hatte, weil ich dann müde und blass aussah. Ich bekam keine Medikamente, von der einen oder anderen Paracetamol-Tablette abgesehen. Die Ärzte wollten mir in meinem jungen Alter starke Medikamente ersparen. Stattdessen sollte ich so normal wie möglich weiterleben, meine Gymnastikübungen machen und mich einmal pro Woche massieren lassen. Dazu kam eine Frau namens Clare aus unserer Gegend zu uns ins Haus. Die Massagen machten meinen Rücken zwar nicht wieder heil, aber sie halfen gegen die Schmerzen und sorgten dafür, dass sich meine Muskeln besser entspannten.

Wirklich schlimm war für mich aber, dass ich nicht reiten durfte. Manchmal freute ich mich beim Aufwachen auf eine Tour mit Paddy, bis mir wieder einfiel, dass ich nicht reiten durfte. Ein paar Wochen lang war ich verzweifelt, aber dann geschah etwas, was mich ruckartig wieder auf den Boden der Tatsachen holte: Meine gleichaltrige Cousine Maria hatte Lymphdrüsenkrebs. Es war ein echter Schock, vor allem, weil sie so ein gesundes, fröhliches und nettes Mädchen war.

Es war schrecklich zusehen zu müssen, wie sie damit kämpfte, und tatsächlich schätzte ich meine Situation danach ganz anders ein. Als sie die Diagnose bekam, war die Krankheit schon so weit fortgeschritten, dass die Ärzte nicht wussten, ob sie die nächste Woche überleben würde. Der Krebs hatte sich bereits weit ausgebreitet, und ihre Familie konnte nur noch für sie beten.

Maria war sehr schockiert, badete aber nicht in Selbstmitleid, sondern riss sich zusammen, dachte positiv und sagte sich immer wieder, sie würde wieder gesund werden. Als ich sah, wie toll sie mit ihrer Krankheit umging, riss mich das aus meinem Selbstmitleid. Am Anfang hatte ich gedacht, alles wäre ganz furchtbar schlimm, aber jetzt begriff ich, dass andere Menschen viel, viel schlimmer dran waren als ich. Und ich verstand, wie zerbrechlich das Leben sein konnte.

Zum Glück erholte sich Maria nach einer intensiven Behandlung. Heute gilt sie als geheilt. Es geht ihr gut, und sie ist einer der glücklichsten Menschen, die ich kenne. Sie folgt ihrem Herzen und führt ihr Leben nach ihren eigenen Bedingungen. Ich glaube, sie ist so froh, noch am Leben zu sein, dass sie aus jedem Tag das Beste macht.

Ich hatte ja ohnehin Zweifel, was meine Ausbildung anging, und als mir klar wurde, dass ich keinen Sport mehr treiben konnte und auch sicher nicht Reitlehrerin werden würde, bestätigte das meine Zweifel noch. Wenn man alles in Betracht zog, war eigentlich klar, dass ich das College verlassen musste. Also sprach ich mit meinen Eltern, und sie reagierten fantastisch. Sie wussten ja, dass ich in der Schule nie wirklich glücklich gewesen war. Obwohl ich keine Vorstellung hatte, was ich stattdessen tun sollte, stellten sie sich hinter meine Entscheidung.

Am folgenden Montag ging ich in die Schule und sprach mit dem stellvertretenden Schulleiter. Ich sagte ihm, dass ich nicht weitermachen würde. Und dann fing ich auf einmal an zu weinen – wohl vor allem aus Erleichterung. Wir besprachen alles, und er fragte mich, warum ich aufhören wolle. Ich erklärte ihm die Sache mit meinem Rücken, sagte aber auch, dass ich schon seit einer ganzen Weile nicht recht glücklich sei und dass die gesundheitlichen Probleme meine Entscheidung nur beschleunigt hätten. Ich hätte einfach das Gefühl, dass es richtig sei, zu gehen.

Er antwortete, er fände das schade, weil ich gute Noten hatte und sicher gut zurechtkäme, wenn ich bleiben würde. Er fragte sogar, ob er irgendetwas tun könne, um mich zum Bleiben zu bewegen. Aber mein Entschluss stand fest. Ich wusste, ich musste ganz von vorn anfangen. Vielleicht war das das einzig Gute an meinen Rückenproblemen.

Zehn Minuten später verließ ich das Gebäude und nahm Abschied von meiner bisherigen Ausbildung. Es war ein komisches Gefühl, weil ich keinen »Plan« hatte und weil alles so schnell ging. Ich hatte nicht mal die Zeit gehabt, meinen Freunden zu sagen, dass ich aufhörte. Ich würde sie anrufen und ihnen alles erklären. Aber erst einmal brauchte ich Zeit, um mich an den Gedanken zu gewöhnen. Also sagte ich ihnen lediglich, ich würde eine Pause machen. In der Woche darauf sagte ich ihnen dann die Wahrheit, dass ich nicht zurückkommen würde.

Alle waren ziemlich schockiert, aber die meisten verstanden meine Gründe, auch wenn mich ein paar als Versagerin bezeichneten. Nun ja, jedem seine Meinung. Es war ja nicht das erste Mal, dass ich so etwas erlebte.

Jetzt musste ich mir also die nächsten Schritte überlegen. Ich ging nicht mehr zur Schule, und ich hatte keinen Beruf. Was um Himmels willen sollte ich tun? Ich würde herausfinden müssen, was ich gut konnte, aber das war leichter gesagt als getan. Also beschloss ich, mich erst einmal um meine Gesundheit zu kümmern und abzuwarten. Den Blog über Alf führte ich weiter; ich fotografierte auch, und damit war ich zum Glück schon ziemlich ausgelastet.

Alf war noch nicht lange bei mir, und es wäre viel schlimmer gewesen, wenn ich ihn nicht gehabt hätte. So verbrachte ich jeden Nachmittag mit ihm und den anderen Pferden, versorgte sie und war mit ihnen zusammen, auch wenn ich nicht reiten konnte. Das Zusammensein war mindestens genauso wichtig. Damals war es mir nicht klar, aber Alfie war genau zum richtigen Zeitpunkt in mein Leben getreten. Er war wie ein Geschenk für mich; durch ihn blieb ich optimistisch, auch wenn sich alles richtig übel anfühlte.

Jeden Morgen stand ich früh auf und kümmerte mich um Badger, Paddy und Pepper. Dann ging ich zu Alf. Manchmal blieb ich von halb neun bis abends um halb sechs bei ihm. Kein Wunder, dass unsere Verbindung immer enger wurde. Nicht auszudenken, was ich ohne ihn getan hätte. Ich wäre wohl ziemlich verzweifelt.

Eines Tages war ich wieder bei Alfie, als mir klar wurde, dass ich wirklich sehr gern beruflich etwas mit Pferden machen würde. Und so fing ich an, mich über Möglichkeiten zu informieren, die nicht direkt mit dem Reiten zu tun hatten. Ein paar Tage später fing ich einen Fernstudienkurs über das Verhalten und die Instinkte von Pferden an. Die meiste Zeit ging es dabei um die direkte Beobachtung von Pferden, was mir gut gefiel, weil ich auf diese Weise die ganze Zeit im Stall sein konnte.

Ende Februar beschloss ich, Alfie kastrieren zu lassen. Nur zu gern hätte ich ihm diese große Operation erspart, aber ich wusste, es musste sein. Er war ja jetzt schon kaum noch zu bändigen. Manche Hengste können echt nervig werden, wenn ihr Herdentrieb sich bemerkbar macht. Sie fangen dann an, alles zu beschützen. Bei Alfie bezog sich dieser Schutzinstinkt sehr stark auf mich, was bedeutete, dass er nicht immer nett zu anderen Leuten war. Manchmal lief er mit angelegten Ohren auf sie zu und wurde reichlich aggressiv. Da ich nicht wollte, dass das noch schlimmer wurde, blieb mir keine andere Wahl.

Es war das erste Mal, dass Alf eine Narkose bekam, und weil er so klein ist, bestand dabei ein gewisses Risiko. Ich hatte von Fällen gelesen, in denen Pferde nach einer Operation nicht wieder aufgewacht waren, und der Gedanke, Alf zu verlieren, ließ mich fast durchdrehen, zumal ich bereits etwas Ähnliches erlebt hatte. Wir hatten eine tolle Schäferhündin namens Kim gehabt, die ich sehr liebte. Im Alter von drei Jahren – ich war damals vierzehn – sollte sie kastriert werden, was bei einem Hund wirklich eine Routineoperation ist. Ich war trotzdem sehr nervös gewesen und hatte den ganzen Tag in der Schule an nichts anderes denken können.

Als ich an diesem Abend nach Hause kam, sah ich Mum sofort an, dass etwas passiert war. Sie ging auf mich zu, umarmte mich und sagte: »Kim hat es nicht geschafft.« Ich war so schockiert, dass ich in Tränen ausbrach. Es kam total unerwartet, Kim war jung und gesund gewesen. Aber aus irgendeinem Grund hatte sie die Narkose nicht vertragen.

Ich brauchte lange, um über diesen Verlust hinwegzukommen. Auch deshalb machte mich der Gedanke, so etwas könne mit Alf ebenfalls passieren, ganz fertig. Ich rief unseren Tierarzt an, der sich schon seit Jahren um die Tiere in unserer Familie kümmerte, und hatte ein langes Gespräch mit ihm. Er tat sein Bestes, mir Sicherheit zu geben, aber ich war trotzdem kurz davor, die Operation abzusagen. Jedes Mal, wenn ich darüber nachdachte, kamen mir wieder die Tränen.

Am Tag der Operation stand ich völlig neben mir. Als der Tierarzt in den Stall kam, sah er schon, dass ich sehr aufgeregt war. »Er kommt damit klar, oder?«, fragte ich flehend. »Ich weiß nicht, was ich ohne ihn tun sollte.« Der Arzt versuchte, mich zu beruhigen, indem er mir ganz genau erzählte, was er tun würde. Dann war es Zeit.

Ich beschloss, nicht vor dem Stall zu sitzen und Panik zu schieben, sondern mit meiner Panik lieber dabei zu sein. Dann konnte ich wenigstens beobachten, was passierte. Als könnte ich mit irgendwelchen Zauberkräften Alf retten, wenn etwas schiefging.

Ich achtete genau darauf, wie viel Narkosemittel der Arzt ihm gab, und stellte tausend Fragen. Vermutlich ging ich ihm fürchterlich auf die Nerven. Und die Tatsache, dass ich kein Blut sehen kann, machte es sicher auch nicht besser.

Es ging dann ziemlich glatt. Als der Arzt mich fragte, ob ich sehen wollte, was er gemacht hatte, sagte ich aus irgendeinem Grund Ja und beugte mich über die vernähte Wunde. Dabei wurde mir schlecht; ich weiß nicht, was ich mir dabei gedacht hatte. Später zeigte mir der Tierarzt noch die Teile, die er entfernt hatte, und ich war entsetzt. Nein, das war nicht unbedingt der spaßigste Nachmittag meines Lebens.

Leider erholte sich Alf nicht besonders schnell nach der Operation, was mir weitere Sorgen bereitete. Normalerweise sollte ein Pferd eine halbe Stunde nach dem Eingriff wieder stehen, aber er rührte sich nicht. Ich saß auf dem Boden, seinen Kopf auf dem Schoß, und streichelte ihn. Er hatte die Augen verdreht, die Zunge hing ihm aus dem Maul. Er sah so zerbrechlich aus!

Während wir uns der halben Stunde näherten, wurde ich immer angespannter. Dann fing er doch endlich an, den Kopf zu bewegen. Ich atmete auf, mein Kleiner würde es überstehen.

Nachdem der Tierarzt gegangen war, verließ auch ich Alf, um ein wenig zu schlafen. Er durfte noch die nächsten vier Stunden nichts essen oder trinken, weil die Gefahr bestand, dass er mit der Nase in seiner Wasserschüssel einschlief und ertrank. Also ging ich ein paar Stunden nach Hause und kam um acht Uhr am Abend wieder. Da wieherte er schon aus vollem Halse – er war wieder ganz der Alte. Ich gab ihm Wasser und ging dann wieder heim, damit er sich ausruhen konnte.

Alfs Bauch brauchte acht Wochen, um zu heilen. Da er sehr verspielt ist, musste ich aufpassen, dass er sich nicht zu sehr anstrengte. Er durfte nicht zu viel herumlaufen, weil er immer noch blutete, der arme Kerl. Aber die Operation hatte ihn wirklich verändert. Er wurde viel freundlicher und weniger nervös. Als Hengst wollte er immer dominieren und konnte ein ziemlicher Angeber sein. Außerdem war er hinter allen Stuten her. Das alles beruhigte sich nach der Kastration. Er ist jetzt viel zufriedener.

Ich habe echt Glück gehabt, denn abgesehen von dieser Operation war Alf nie wirklich krank. Aber wenn ihm irgendetwas fehlt, kommt alles zum Stillstand, und er benimmt sich, als würde die Welt untergehen. Selbst wenn er nur einen kleinen Schnupfen hat, frisst er nichts mehr und seufzt ständig vor sich hin.

Ich bin daran gewöhnt, dass Alf wiehert, wenn ich den Stall betrete. Aber eines Morgens, als ich kam, um ihm sein Frühstück zu bringen, tat er keinen Muckser, was ihm gar nicht ähnlich sah. Ich bekam schon Panik und dachte, er wäre krank. Alle möglichen Schreckensszenarien gingen mir durch den Kopf.

Ich rannte zu seiner Box, und als ich hineinkam, stellte ich fest, dass er mit dem linken Hinterbein in den Futtereimer gestiegen war. Dabei hatte er sich ein rundes Stück Plastik um den Fuß gewickelt. Ich habe keine Ahnung, wie er das geschafft hat, weil das Loch in dem Plastik kleiner war als sein Huf. Aber es war ähnlich, als wenn Kinder den Kopf durch ein Treppengeländer stecken.

Jedenfalls musste ich das Plastik aufschneiden. Er machte ein Riesendrama darum. Obwohl er überhaupt nicht verletzt war, hielt er die ganze Zeit das Bein hoch und wollte es nicht mehr belasten. So ein Theater! Als ich nicht darauf einging, war er zehn Minuten später wieder »gesund«. Wenn ich mich anstelle, tut Alf es auch. Aber inzwischen weiß ich es besser.

Wenig später wollte ich ihn für einen Online-Clip filmen, aber er wollte nicht zu mir kommen. Meine Mum stand bei ihm, und ich sagte im Spaß: »Oh, was hat sie gemacht? Hat Nanna dich geärgert, Alf?« Daraufhin kam er zu mir und legte mir den Kopf ans Bein, als wäre etwas ganz Furchtbares passiert und ich müsste ihn trösten.

Danach ließ ich ihn auf seine Weide, und er schrie die

ganze Zeit und schlug mit den Hufen gegen das Tor. Er war so laut, dass unsere Nachbarn, die Burtons, rüberkamen, um nachzusehen, was eigentlich los war. Dabei fehlte ihm überhaupt nichts, er wollte nur nicht allein gelassen werden. Ich brachte ihn wieder in seine Box, blieb noch ein bisschen bei ihm, und da war er wieder ganz fröhlich. Manchmal benimmt er sich wie ein Kind. Er braucht schon sehr viel Aufmerksamkeit.

Alf hat einen kleinen Unterstand auf seiner Weide, gleich hinter dem Zaun, und als ich im letzten Sommer, kurz nachdem der Unterstand gebaut worden war, aus meinem Fenster schaute, konnte ich sehen, dass er sich dahinter bewegte. Er hatte sich durch eine winzige Lücke zwischen seinem Unterstand und dem Zaun gequetscht. Wenn man ihn ansieht, kann man sich nicht vorstellen, wie er da durchgekommen ist. Er muss sich echt angestrengt haben.

Ich lief also runter und sah gleich, dass er festhing. Keine Chance, ihn wieder loszubekommen. Also holte ich meine Eltern, die den Zaun wegdrückten, damit ich ihn herausziehen konnte. Eine Stunde lang versuchten wir alles, was uns einfiel. Inzwischen war Alf vor lauter Erschöpfung eingeschlafen.

Dad sagte: »Es bleibt mir wohl nichts anderes übrig, als meine Werkzeugkiste zu holen und ein Stück von dem Zaun abzubauen.« Mum und ich setzten uns hin und warteten auf ihn, und plötzlich hörten wir ein Klappern. Als wir uns umsahen, war Alf seinem hölzernen Gefängnis entkommen und lief fröhlich auf seiner Weide herum.

Bis heute geht er manchmal an diese Stelle und quetscht sich zwischen Zaun und Unterstand. Das ist einfach eine Angewohnheit von ihm. Aber wenn er jetzt feststeckt, kümmere ich mich nicht mehr darum, weil ich weiß, dass er schon wieder rauskommt, wenn er will. Meistens macht er das um zwei Uhr nachmittags, wenn er ein Schläfchen halten will. Wenn Leute ihn so sehen, fragen sie mich manchmal: »Hängt das Pony da fest?« Dann sage ich immer: »Ach was, er ist bloß total faul.«

Manchmal tut Alf auch so, als würde er mit dem Kopf im Zaun feststecken. Aber das ist auch nur Show. Er steckt den Kopf hindurch und starrt mich an, damit ich zu ihm komme. Vor allem macht er das, wenn ich viel im Büro bin, weil er weiß, ich kann ihn von dort aus sehen. Er will dann, dass ich aufhöre zu arbeiten und mit ihm spiele, und er macht richtig Druck und lässt mich nicht aus den Augen. Ich will aber nicht nachgeben, weil ihn das nur ermutigt, es wieder zu tun.

Einmal arbeitete ich in meinem Büro, als er anfing, mit den Zähnen Stücke aus seinem Zaun zu reißen und mich dann anzusehen. Er wusste, ich würde kommen, damit er aufhörte, denn er macht ja nicht nur den Zaun kaputt, es ist auch gefährlich, weil er sich an etwas Scharkantigem verletzen könnte. Also musste ich zu seiner Weide gehen. Er weiß genau, was er tut.

Manchmal spielt Alf mir einen Streich, und sobald ich mich nähere, hört er damit auf. Er kippt Blumentöpfe um, und wenn ich sie alle wieder hingestellt habe, steht er da und frisst, als wäre nichts geschehen. Einmal schob ich eine Schubkarre voller Mist vor mir her, und er versuchte, sie umzuwerfen. Weil ich das nicht zuließ, fing er an, nach den Verschlüssen meiner Gummistiefel zu schnappen, nur damit ich ihm Aufmerksamkeit schenkte. Als das auch nicht funktionierte, zog er an meiner Jacke und machte alberne grummelnde Geräusche dazu.

Eine seiner lästigsten Angewohnheiten besteht darin, sich Jackenverschlüsse zu schnappen und die elastischen Schnüre langzuziehen. Dann lässt er sie los, sodass sie zurückschnalzen. Das tut echt weh, wenn er einen damit trifft. Und er macht das auch bei Fremden! Ich muss die Leute immer warnen, ihre Jacken vor ihm in Sicherheit zu bringen.

Nach wie vor rede ich viel mit Alf, als wäre er ein Mensch. Und ich bin sicher, er versteht mich. Wenn ich ihn frage, ob er was zu essen oder Apfelsaft will (den er unheimlich gern mag), springt er aufgeregt herum. Er bekommt nicht so oft Apfelsaft, weil er zu viel Zucker enthält, aber wenn ich etwas trinke, schiebt er seine Nase ganz dicht zu mir, damit ich ihm den letzten Rest schenke. Ich muss den Saft dann aus dem Karton in meine hohle Hand schütten, weil Alf nicht so clever ist wie Paddy – der kann aus einem Strohhalm trinken. Meine Pferde haben schon witzige Angewohnheiten. Ich glaube, ihr Verhalten hat viel mit ihrer Erziehung zu tun, und ich habe sie natürlich immer eher wie meinesgleichen behandelt, nicht »nur« als Tiere. Ich bin ziemlich sicher, dass sie sich zumindest teilweise für Menschen halten.

Wenn ich in den Urlaub fahre, schmollt Alfie, weil er mich vermisst. Wenn ich dann zurückkomme, ist er ganz aufgeregt. Jedes Jahr fahre ich mit meinem Vater in den Skiurlaub, und dann vermisst mich Alf ganz schrecklich. Aber Skifahren darf ich nach wie vor, und ich würde das sehr ungern aufgeben. Es ist einfach schön, dass ich es immer noch kann, obwohl es meinem Rücken immer noch nicht richtig gut geht. Aber da ich wieder viel laufe und eine sehr starke Rumpfmuskulatur entwickelt habe, kann ich meinen Rücken besser schützen. Natürlich muss ich vorsichtig sein und bin auch schon ein paar Mal gestürzt, was mir immer große Sorgen bereitet. Aber ich stehe wieder auf und fahre weiter. Einerseits will ich mich nicht überanstrengen oder verletzen, andererseits will ich mir auch nicht ständig nur Sorgen machen. Ein bisschen Leben muss schon sein.

Als ich zum ersten Mal wegfuhr, war Alf echt sauer. Ich hatte ihn noch nie allein gelassen. Meine Mutter und mein Bruder fahren nicht Ski, also konnte sich Mum um Alf kümmern. Aber er terrorisierte sie die ganze Woche und versuchte, ihr in den Hintern zu beißen, wenn sie kam, um ihn zu füttern oder auf die Weide zu lassen. Er lief auch los, wenn sie seinen Führzügel in der Hand hatte, so schnell, dass sie einmal kopfüber in den Matsch fiel. Und wenn sie ihn abends in den Stall bringen wollte, schubste er sie.

Sobald ich wieder zu Hause war, benahm er sich wie ein Engel. Er wusste, dass ich wieder da war, weil er meinen Schritt kennt, und als er mich dann sah, sprang er aufgeregt herum. Die ganze nächste Woche verfolgte er mich auf Schritt und Tritt. Ich glaube, er hatte Angst, ich würde wieder wegfahren.

Aber ehrlich gesagt, vermisse ich Alf und meine anderen Tiere auch sehr, wenn ich auf Reisen bin. Ich baue immer eine Webcam auf, damit ich Alf sehen kann, wenn ich weg bin, aber mehr als eine Woche fällt mir schwer. Manchmal rede ich über FaceTime oder Skype mit meinen Tieren (natürlich muss an ihrem Ende der Leitung jemand helfen, so schlau sind sie nun auch wieder nicht), um dafür zu sorgen, dass es ihnen gut geht. Einmal stellte mein Bruder die FaceTime-Verbindung zwischen mir und Alf her, und Alf leckte die ganze Zeit über das Display seines iPhones. John war nicht besonders begeistert davon.

Wenn sich jemand anders um Alf kümmert, hinterlasse ich immer eine ellenlange To-do-Liste. Ich drucke seitenweise strenge Anweisungen aus, damit die Leute auch alles richtig machen. Wenn jemand zum ersten Mal mithilft, gibt es vorher einen Probedurchlauf, damit der andere genau Bescheid weiß. Dass sich immer noch Leute dafür anbieten, erstaunt mich eigentlich.

Alf kann zwar ein echter Albtraum sein, aber zum Glück kümmert sich meine Familie immer gern um ihn. Sie lieben ihn, und er liebt sie. Mit Dad kann er stundenlang auf der Weide herumflitzen. Er mag ihn sehr, sie sind richtige Kumpel. Wenn Alf ein Mensch wäre, würden die beiden wohl zusammen in den Pub gehen und über Fußball reden.

Alf und mein Freund Jonathan sind inzwischen auch gute Freunde, aber es hat eine Weile gedauert, bis Jonny ihn überzeugt hatte. Jonny habe ich vor drei Jahren zu Silvester kennengelernt. Er ist der Bruder einer meiner besten Freundinnen, und als er mich danach einlud, mit ihm auszugehen, war es bald um mich geschehen. Ich war gar nicht auf der Suche nach einem Freund, aber er tauchte einfach auf, als müsste es so sein.

Vor ein paar Monaten kam Jonny dann um ersten Mal zu uns zum Abendessen. Er war ziemlich nervös wegen meiner Eltern, aber ich sagte zu ihm: »Mum und Dad sind nicht das Problem. Alf musst du überzeugen. Wenn Alf dich mag, können wir zusammen sein. Wenn nicht, wird es nichts mit uns.«

Einmal hatte Jonathan angeboten, Alf zu bürsten, weil ich gerade sehr beschäftigt war. Alf hatte sich inzwischen ganz gut an ihn gewöhnt, war aber noch nicht ganz überzeugt. Ständig versuchte er, ihm in die Füße zu beißen oder ihn zu schubsen, während er ihn bürstete. Als Jonathan wieder ins Haus kam, sagte er: »Dein Pony ist echt ein Albtraum; es lässt mich nicht in Ruhe.« Er schien richtig Angst zu haben, was lustig ist, wenn man bedenkt, dass er 1,85 m groß und Soldat ist. Alf muss ihm mächtig zugesetzt haben.

Übrigens beißt Alf auch wildfremden Leuten in die Füße.

Ich habe keine Ahnung, warum er das macht, und muss dringend versuchen, ihm das abzugewöhnen. Einmal kam unser Postbote vorbei und plauderte mit mir, und Alf beugte sich hinunter (er hat ja keinen sehr weiten Weg) und fing an, in die Schuhe des Mannes zu beißen. Das war einfach peinlich!

Gut ist nur, dass Alf Jonathan inzwischen liebt. Ich vermute, das liegt daran, dass Jonathan ihm immer Polos, also Pfefferminzbonbons, gibt. Ich habe Jonny eine Großpackung davon zum Geburtstag geschenkt. Das fand Alf, glaube ich, ganz toll. Er schnappt die Bonbons sogar in der Luft, und so ist ihre Verbindung sehr gut geworden.

Jonny weiß, dass Alf bei mir an erster Stelle steht und dass ich regelmäßig Zeit mit ihm verbringen muss. Andere Männer würden mich wohl für verrückt halten, aber er kommt gut damit klar. Es macht ihm nicht einmal was aus, dass ich manchmal zu Hause anrufe, um zu hören, ob mit Alf alles okay ist. Aber ich habe ihm auch vom ersten Tag an klargemacht, dass Alf und ich nur im Doppelpack zu bekommen sind.

Ich fand es ganz wunderbar, so viel Zeit mit Alf zu verbringen, während ich das Fernstudium absolvierte, aber ich wusste auch, dass ich endlich ein bisschen Geld verdienen musste. Also suchte ich mir einen Job in einem Laden für Inneneinrichtung, der unserem Nachbardorf Leyburn liegt. Dort arbeitete ich fünf Tage pro Woche. Außerdem arbeitete ich noch an drei Abenden in einem italienischen Restaurant namens Giovanni's.

Der Inneneinrichtungsladen hieß Quaint and Quirky, und die Chefin Jeannette war sehr nett zu mir. Es war ein winziger Laden, und oft war ich allein dort und räumte Regale ein, sortierte Ware, kümmerte mich ein bisschen um die

Buchhaltung und bediente Kunden. Es war toll da, weil ich eigentlich alles machen durfte. Die Dörfer in unserer Gegend bilden verschworene Gemeinschaften, und ich kannte viele Kunden und fand immer jemanden zum Plaudern.

Es kamen auch viele Touristen, sodass ich bald eine halbe Reiseleiterin war. Sie stellten Fragen zu unserer näheren Umgebung oder zu den Dales im Allgemeinen. Leyburn ist geprägt von seinen vielen Trockenmauern, großen Scheunen und vielen Bergen. Für Leute, die aus der Stadt kommen, muss es unglaublich altmodisch sein. Immer wieder wurde ich gefragt, warum es bei uns so viele Schafe gibt und warum alle Leute in der Landwirtschaft arbeiten. Die Amerikaner waren überrascht, wie weit das Land bei uns ist, und oft verwirrt, weil all die Felder unbebaut sind. Das liegt daran, dass Teile des Landes dem National Trust gehören und Gott sei Dank nicht bebaut werden dürfen.

Einer der Touristen erzählte mir, er hätte jahrelang gedacht, die Dales würden nicht wirklich existieren, sondern jemand hätte sie sich als Schauplatz der Fernsehserie Emmerdale ausgedacht. Er hatte wohl nicht damit gerechnet, dass tatsächlich jemand so weit weg von allem leben kann. Aber ich kann euch versichern, die Dales sind sehr real.

Bei uns sieht es tatsächlich ein bisschen so aus wie in der Serie. Es gibt eine Farm (natürlich!), ein paar Läden und einen Pub. Eine kleine, selbstgenügsame Welt – und ich bin froh, dort zu Hause zu sein. Wenn man von der entsetzlich langsamen Internetverbindung auf dem Land einmal absieht …

Wenn ich aus meinem Fenster schaue, sehe ich nur Berge. An klaren Tagen kann ich bis Middlesbrough schauen. Und es gibt überall sehr viele Tiere, vor allem Schafe, Milchkühe, Pferde, aber auch Eichhörnchen (in unserem Garten lebt eine ganze Kolonie mit dreißig erwachsenen und jungen Tieren) und viele Vögel. Hier sind so viele schöne Vögel, dass ständig Vogelbeobachter bei uns herumlaufen.

Die Dales bestehen aus sehr viel Wald und kleinen Landstraßen. Die meisten dieser Straßen sind nicht asphaltiert und einspurig, sodass es ganz schön lange dauern kann, bis man sein Ziel erreicht. Fahrbahnmarkierungen gibt es nicht, es ist alles sehr einfach.

Ich kenne es nicht anders, ich bin mein Leben lang auf holprigen Wegen gefahren. Manche Straßen sind eher Feldwege und nicht mal auf Landkarten oder im Navi verzeichnet. Sie sind zum Teil seit mehr als zwanzig Jahren nicht mehr erneuert worden. Für einen Sportwagen sind sie jedenfalls definitiv nicht geeignet. Hier fahren alle in zerbeulten Landrovern durch die Gegend.

Oft sehe ich frei laufende Hühner, wenn ich unterwegs bin. Man muss daher sehr vorsichtig fahren. An manchen Tagen sehe ich zehn Fasane und mehr. Und eine Meile außerhalb von Leyburn gibt es einen breiten Fluss, was dazu führt, dass oft ganze Entenherden hintereinander die Straße entlanglaufen. Ja, und viele Leute reiten auf ihren Pferden durch die Dörfer.

Bei Quaint and Quirky arbeitete ich von neun bis fünf, und wenn ich abends länger arbeiten musste, konnte ich von dort aus direkt zu Giovanni's, wo ich als Bedienung weitermachte. Meine Schicht dort ging von halb sechs bis zehn Uhr abends. Dann sah ich zu, dass ich nach Hause und ins Bett kam, um früh wieder aufstehen und noch Zeit mit den Pferden zu verbringen. Und wieder zu arbeiten …

Es war eine gute Möglichkeit, ein bisschen Geld auf die hohe Kante zu legen, aber ich hatte auf diese Weise nicht viel Zeit für die Tiere. Deshalb beschloss ich, nur noch halbtags im Laden zu arbeiten. So kam ich mittags nach Hause, verbrachte Zeit mit den Pferden und fuhr dann zurück, um meine Schürze anzuziehen und den Gästen Pizza und Wein zu servieren.

Meine Chefin bei Giovanni's war auch sehr nett. Sie hieß Claire und behandelte mich immer freundlich, auch wenn ich mal einen Fehler machte. Da ich ziemlich ungeschickt bin, kam das durchaus vor. Eines Tages trug ich ein Tablett mit Getränken zu einer Familie. Der Dad hatte ein Pint Bier bestellt. Als ich gerade dabei war, die Getränke hinzustellen, fiel das Pint um, und der kleine, vierjährige Sohn wurde ganz nass. Die Leute lächelten nur und sagten: »Ah, dann hat er jetzt also sein erstes Bier bekommen.« Das war alles, aber mir war das Ganze sehr, sehr peinlich.

Ich verbrannte mich auch ab und zu oder ließ mal ein Essen fallen. Einmal war es ein großer Teller mit Spaghetti Bolognese, der mir aus der Hand fiel und richtig vom Boden abprallte, sodass die Nudeln überall hinflogen. Und all die Gläser, die ich zerbrochen habe! Claire war immer sehr verständnisvoll und weigerte sich, mir den Schaden vom Lohn abzuziehen.

So hatte ich mit meinen Jobs, Kursen und sonstigen Verpflichtungen ganz schön zu tun. Außerdem hatte Alfs Blog immer mehr Erfolg. Ich hatte mehr als dreitausend Follower, was sehr schön war, aber auch bedeutete, dass mich immer mehr Leute kannten. Das sprach sich in unserer Gegend herum, und Alf bekam ziemlich viel Besuch. Manchmal standen am Wochenende Leute auf dem Hof, die ihn gern sehen wollten. Manchmal stellte ich, wenn wir auf der Weide waren, fest, dass hinter uns Leute Fotos machten. Und ich bekam Facebook-Anfragen von Leuten, die ich gar nicht kannte. Eines Tages ging ich mit Alf an der Straße spazieren, als ein Auto anhielt. Die Fahrerin lehnte sich aus dem Fenster und fragte: »Ist das Little Alf? Meine Kinder lieben ihn!«

Natürlich war es schön, dass Alf so beliebt war, aber es machte mich auch nervös. Auf einmal bekam ich Angst, jemand könnte ihn stehlen wollen. Auf dem Hof gab es eine Alarmanlage, und Diane versprach, nach ihm zu sehen, wenn ich nicht da war. Ihre Pferde hätten ja genauso gut gestohlen werden können wie Alf, aber Alf passte mühelos in einen Kofferraum, während so ein großes Rennpferd schon eine echte Herausforderung war.

Alf und ich spielten stundenlang miteinander, und jedes Mal, wenn ich ihm ein neues Spielzeug mitbrachte, war er ganz begeistert. Eines Tages war es ein Fußball, und er fing sofort an, ihn mit der Nase anzustupsen und herumzujagen. Das machte ihm offenbar großen Spaß. Ich beschloss, ihm beizubringen, wie man den Ball aufnimmt und weiterrollt, und er begriff es sofort. Außerdem genoss er es sehr, seine neuen Fähigkeiten vorzuführen, sodass ich ihm immer wieder neue Tricks beibrachte.

Am Anfang probierte ich es mithilfe einer Methode namens »Natural Horsemanship«. Es ist eine Technik, die auf gegenseitiger Bindung beruht und sehr sanft vorgeht. Letztlich hat alles mit Dominanz und Instinkten zu tun. Bei Alf funktionierte das nicht so gut. Ich glaube, er fand es langweilig, und so ging ich zum Clickertraining über. Den Clicker kannte ich schon von meiner Schäferhündin Sasha, wir hatten sogar ein paar Kurse mitgemacht. Ich wusste also, wie das funktionierte. Aber bei Pferden wird diese Methode nicht so oft angewandt. Ich hatte von Leuten in Amerika gehört, die damit sehr erfolgreich waren, also dachte ich mir, es könnte nicht schaden, es zu versuchen. Alf ist ja ein Stück weit wie ein Hund. Und er kam sehr gut damit zurecht. Er schaute oft zu, wenn ich mit Sasha trainierte, weil wir häufig zusammen spazieren gingen, und er lernte viel von ihr. Ich bin sicher, eine Weile hielt er sich selbst für einen Schäferhund. Die Größe stimmte auf jeden Fall.

Das Erste, was ich Alf beibrachte, war der »Kuss«. Er hebt ohnehin ständig den Kopf in meine Richtung. So wurde der Kuss-Trick daraus: Ich küsste ihn auf die Nase, klickte, sagte »Kiss« und gab ihm ein Leckerchen. Inzwischen hebt er seine Nase jedes Mal, wenn ich »Kiss« sage. Das sieht sehr niedlich aus. Meistens muss ich nicht mal was sagen: Wenn ich zu ihm komme, hebt er mir die Nase entgegen und wartet auf seinen Kuss. Dabei schaut er mich an, und wenn ich ihn nicht gleich küsse, stupst er mich. Manchmal will er noch einen zweiten; dann verfolgt er mich, bis ich nachgebe.

Mit anderen Leuten macht er das nicht. Manchmal tut er so, als ob, aber wenn sie sich dann zu ihm runterbeugen, schnappt er nach ihnen, was wirklich unartig ist. Bei meiner Mutter zieht er dann die Oberlippe hoch und versucht, nach ihrem Kinn zu schnappen. Man sollte meinen, dass sie inzwischen gelernt hat, es gar nicht erst zu versuchen, aber sie hofft halt immer noch, dass er es sich noch anders überlegt.

Der nächste Trick, den ich ausprobierte, bestand darin, Alf seinen Korb zumachen zu lassen. Jedes Mal, wenn es klappte, klickte ich, gab ihm ein Leckerchen und streichelte ihn.

Ich redete ohnehin ständig mit ihm, um ihm neue Wörter beizubringen. Manchmal erwischten mich andere Leute dabei, dass ich mich auf dem Hof richtig mit ihm unterhielt. Eines Tages erzählte ich Alf von einem Buch, das ich gerade las. Da schaute eine Freundin aus dem Ort über die Tür seiner Box und fragte mich: »Mit wem redest du da eigentlich?« Ich muss wohl ein bisschen verlegen geschaut haben, und als ihr klarwurde, dass ich mit Alf geredet hatte, lachte sie und sagte: »Mach ruhig weiter. Die Leute können sagen, was sie wollen, ich finde ja auch, dass Pferde ein bisschen Bildung brauchen.«

Du lieber Himmel.

KAPITEL 5

Ein Pony, viele Tricks

Relativ früh wurde mir klar, dass Alf keine große Aufmerksamkeitsspanne hat. Deshalb mache ich nur kurze Trainingseinheiten mit einer Dauer von etwa zehn Minuten mit ihm, das aber oft. So scheint es am besten zu funktionieren. Sein Lieblingsspielzeug ist ein Pferdeball, den er mit der Nase herumschießt. Manchmal geht er ziemlich grob damit um, dann tut es richtig weh, wenn man damit getroffen wird. Der Ball hat jede Menge Zahnabdrücke. Alf liebt ihn wohl auch deshalb so sehr, weil er weiß, dass er, wenn er einen Trick damit zeigt, ein Leckerchen bekommt.

Ich habe für Alf einen großen Holzklotz besorgt und ihm beigebracht, darauf zu stehen. Jetzt läuft er jedes Mal, wenn er in seinen Paddock kommt, sofort dorthin, steht stolz da und wartet auf sein Leckerchen, als hätte er jede Menge Zuschauer.

Ich habe ihm auch einen großen Yogaball gekauft, weil ich dachte, dass er den nicht so schnell kaputt machen kann. Falsch gedacht. – Es dauerte genau einen Tag, dann hatte der Ball ein Loch, und als ich die traurigen Überreste einsammelte, fand ich einen von Alfs Milchzähnen darin. Er war gerade so groß wie mein kleiner Fingernagel. Wenn man bedenkt, wie groß Alfs Kopf ist, sind seine Milchzähne wirklich lächerlich klein.

Es gab dann einen neuen Yogaball, aber solange Alf noch nicht kastriert war, versuchte er ständig, ihn zu bespringen. Einmal waren die Kinder einer Freundin da, als er sich mit dem Ball vergnügte, und fragten mich: »Was macht er da?« Ich habe den Ball dann ganz schnell verschwinden lassen.

Bis heute spielt Alf gern mit diesem Ball und rollt sogar darauf herum wie bei richtigen Yogaübungen. Vielleicht bringe ich ihm mal ein paar Haltungen bei. Den »herabschauenden Hund« kann er schon ganz gut, aber ich stelle mir auch den »Berg« ganz toll mit ihm vor.

Warum er den zweiten Ball nicht kaputt gemacht hat, weiß ich nicht, vielleicht liegt es an der Farbe. Der erste war nämlich rot, und dieser ist blau. Ernsthaft, vielleicht gefällt ihm die Farbe besser. Ich weiß, es klingt lächerlich, aber es ist mehr als deutlich sichtbar, dass ihm der neue Ball besser gefällt.

Alf liebt auch Joghurtbecher, wohl vor allem wegen des Geruchs. Und Stofftiere! Er hat einen Plüsch-Alf, den er sehr mag. Keine Ahnung, ob er weiß, dass er das sein soll, aber dieser Alf ist eindeutig sein Lieblingstier.

Was Alf gar nicht mag, sind Gartendekorationen. Die macht er kaputt; man muss ihn wirklich davon fernhalten. Wir hatten ein großes Deko-Schaf im Garten, fast so groß wie er. Vermutlich war er eifersüchtig darauf. Jedenfalls zog er mich eines Tages zu dem Schaf, als ich mit daran vorbeigehen wollte, trat dagegen und zertrümmerte es in tausend Teile.

Wir haben auch Deko-Sachen auf den Stufen zur Haustür. Eines Tages ging ich mit ihm spazieren, als wir an meiner Mutter vorbeikamen. Er wollte unbedingt von ihr gestreichelt werden und stupste sie, aber sie hatte keine Hand frei, weil sie Kaminholz trug. Da wurde er richtig wütend, rannte zur Treppe und schubste alle Dekosachen um, was meiner Mutter natürlich gar nicht gefiel.

Letzten Sommer habe ich ihm ein Planschbecken gekauft. Keine so gute Idee, weil er keine besondere Wasserratte ist. Aber meine Hunde fanden es toll. Bis zu dem Tag, als er darin stand, als gerade kein Wasser drin war. Das schien ihm ganz gut zu gefallen. Innerhalb weniger Tage hatte er den Rand aufgebissen, und dem Ding ging die Luft aus.

In letzter Zeit habe ich Alf ein paar neue Tricks beigebracht. Er kann jetzt Sachen aufheben, sie in seinen Korb legen, den Deckel zumachen, den Deckel wieder aufmachen und die Sachen wieder herausnehmen. Das alles tut er aber nur, wenn ich ihn darum bitte. Wenn andere Leute es versuchen, geht er einfach weg. Es ist geradezu unheimlich, wie sehr Tiere auf bestimmte Leute fixiert sein können. Pferde lieben ihre Besitzer und sind sehr treu. Meistens haben sie nur zu einer Person eine echte Beziehung. Alf hält mich für seine Mutter und will so viel wie möglich mit mir zusammen sein. Wenn ich aus irgendeinem Grund morgens später komme, ruft er nach mir. Ich höre ihn vom Haus aus. Er hört nicht auf, bis ich hingehe.

Er ist so verwöhnt, dass selbst ich beim Training nur dann eine Chance habe, wenn ich die Bälle in der richtigen Größe nehme. Ist der Ball zu groß, dann hat er Angst davor und spielt nicht damit. So verrückt sind wir inzwischen. Alles, was Alf gehört, ist klein, eben auf ihn abgestimmt. Das gilt selbst für seine Bürste und den Führzügel. Ich kaufe die Sachen im Internet oder lasse sie maßanfertigen. Seine Trainingsstufen habe ich selbst gebaut. Denn ob man es glaubt oder nicht, im Laden gibt es keine Miniaturtreppen für kleine Pferde.

Alf kann auch Gegenstände drücken, sogar eine Hupe. Das ist echt lustig, weil es klingt, als würde er reden. Wenn das nun Alfs echte Stimme wäre? Der Trick geht so, dass ich die Hupe auf die Stufe lege. Er drückt dann darauf und schaut sich um, ob jemand auf ihn achtet. Manchmal erschrickt er aber auch vor dem Geräusch. Vielleicht denkt er nicht immer daran, wie laut es ist, obwohl er die Hupe ja wirklich oft betätigt. Jedenfalls schaut er dann ganz erschrocken, als wollte er sagen: »Wie konnte das denn jetzt passieren?«

Die Tür zu seiner Box bekommt er natürlich auch auf. Und ich habe ihm ein paar Kegel für den Garten gekauft, die er mit seinem Ball umwerfen kann. Wenn er Lust auf Streiche hat, läuft er aber auch schon mal hin und tritt sie mit dem Huf um.

Er hat auch eine Seifenblasenmaschine und jagt überaus gern Seifenblasen im Paddock. Allerdings glaube ich nicht, dass er versteht, warum sie so schnell verschwinden. Wenn er gerade in Stimmung ist, kann er auch durch einen Reifen springen. Aber so richtig gern macht er das nicht – man muss ihn dazu mit irgendetwas sehr Gutem bestechen. Für diesen Trick brauche ich auch jede Menge Leckerchen, denn er verlangt schon vorher eine Belohnung.

In Amerika gibt es Leute, die ihrem Pferd das Malen beigebracht haben. Daran arbeite ich noch. Wenn er so weit ist, kann ich ihn losschicken, damit er Häuser anstreicht und sich seinen Lebensunterhalt selbst verdient.

Viele Leute fragen mich, wie man Pferden solche Tricks beibringt. Deshalb habe ich ein paar Anleitungen auf YouTube eingestellt. Aber ich muss gleich dazusagen, dass ich in dieser Hinsicht überhaupt kein Profi bin. Ich weiß nicht alles über Pferde. Es gibt viele Leute, die wesentlich mehr über sie wissen als ich. Manche Leute verwechseln das Training mit einer Ausbildung zum Gehorsam oder meinen, sie könnten damit zeigen, dass sie der Chef sind. Ich persönlich sehe das ganz anders. Für mich geht es beim Training darum, unsere

Verbindung zu stärken, und Vertrauen, Verständnis und eine dauerhafte Freundschaft aufzubauen. Es ist eine gute Art der Kommunikation; man lernt sein Tier dabei gut kennen. Es hat nichts damit zu tun, dass man sein Tier anschreit oder erwartet, dass es alles macht, was man von ihm verlangt. Ich wende nie Zwang oder negative Methoden an. Alles, was meine Tiere können – und das ist eine Menge –, habe ich mit Liebe und Geduld erreicht. Ich bin also der lebende Beweis dafür, dass das klappt.

Wenn Tiere ihren Menschen lieben und ihm vertrauen, wollen sie mit ihm arbeiten. Das leuchtet ein, oder? Tiere sind in vielen Dingen sehr ähnlich wie Kinder, und bei Kindern ist es doch auch so: Wenn man sie zu etwas zwingt, werden sie entweder rebellisch oder sie schmollen. Daher bekommt man mit einem glücklichen Pferd auch viel schönere Ergebnisse als mit einem gestressten.

Wenn man mich fragt, welche fünf wichtigsten Tipps ich fürs Training geben kann, nenne ich die folgenden:

1. Geduld! Training braucht Zeit. Ich habe unterschiedliche Trainingsveranstaltungen besucht und dabei beobachtet, dass sich Leute über ihre Tiere geärgert haben, weil sie nicht taten, was man ihnen sagte. Aber so ist das eben: Es geht nicht immer über Nacht.
2. Zuhören! Man spürt, wenn ein Tier etwas nicht will. Und dann sollte man es nicht dazu zwingen.
3. Belohnen! Eine Belohnung sagt dem Tier, dass es seine Sache gut gemacht hat.
4. Spaß! Training sollte dem Tier Freude bereiten. In dieser Hinsicht sind sie wie Menschen: Das Lernen fällt ihnen viel leichter, wenn es ihnen Spaß macht.
5. Immer positiv enden! Selbst wenn das Tier nicht getan

hat, was es sollte, oder wenn es richtig ungezogen war, sollte man ihm am Schluss ein Leckerchen geben. Sonst findet es das Training insgesamt blöd.

Viele Leute schauen Alf gern bei seinen Tricks zu, aber sie mögen auch die Videos, in denen er richtig unartig ist. Ich habe ein Video von ihm ins Netz gestellt, in dem er sich ins Haus schleicht, und seine Fans reagierten begeistert. Überhaupt mögen die Leute Videos, in denen er herumläuft, weil das so lustig aussieht. Und sie mögen auch die Filme, in denen Alf und ich etwas zusammen unternehmen und Mum uns filmt. Diese Filme werden sehr oft angeklickt. Erstaunlicherweise bekamen wir mehr Follower, als wir anfingen, Fotos und Videos von uns beiden ins Netz zu stellen. Offenbar sehen die Leute daran, wie nah wir uns sind. In dem Zusammenhang ist mir auch klar geworden, wie wichtig Hashtags sind. Sie sorgen dafür, dass man die richtigen Follower bekommt. Deshalb kann ich nur dazu raten, sie häufig nutzen. Aber durchaus möglich, dass ich #zuvielhashtags benutze.

Alf ist ein Glücksfall für die sozialen Medien. Sobald er eine Kamera sieht, benimmt er sich anders. Dann macht er jede Menge Blödsinn und gibt so richtig an. Er hat auch schon mal die Videokamera mit den Zähnen hochgehoben oder umgeworfen. Er leckt darüber oder reibt seinen Hintern daran – es ist gar nicht so einfach, ihn zu filmen.

Manchmal muss ich beim Filmen nah an ihn herangehen, und wenn ich dabei eine Mütze trage, versucht er immer, sie mir vom Kopf zu ziehen. Solche »Pannen« dürfen ruhig Teil der Filme sein, damit die Leute ihren Spaß haben, aber ein paar habe ich doch herausgeschnitten, weil sie ziemlich wild aussahen. Dabei würde Alf mir niemals absichtlich wehtun.

Und wenn es aus Versehen passieren würde, wäre er außer sich.

Alf hat heute Fans auf der ganzen Welt, was schon ein bisschen verrückt ist. Die meisten seiner Fans sind ziemlich jung, aber es gibt auch ältere. Oft holen Eltern bei Veranstaltungen extra ihre Kinder, damit sie ein Foto mit ihm machen können, und ich denke oft, die Erwachsenen hätten eigentlich gern selbst eins, auf dem sie mit Alf zu sehen sind, trauen sich aber nicht zu fragen.

Die häufigsten Kommentare in den sozialen Medien lauten, Alf sei »niedlich« oder »frech«. Wenn ich schreibe, dass er sich erkältet hat, fragen sie nach, wie es ihm geht. Das finde ich sehr nett. Ab und zu gibt es mal einen unfreundlichen Kommentar über seine Größe. Dann muss ich mich bremsen, ihn nicht zu verteidigen, weil das die Leute vermutlich nur noch zusätzlich ermuntern würde. In meinen (und seinen eigenen) Augen ist er vollkommen, und das ist das Einzige, was zählt.

Viele Likes bekomme ich, wenn ich Alf verkleide. Er hat eine eigene Kostümkiste, in die ständig neue Sachen hineinkommen. Hasenohren zu Ostern, Bärenohren für den »Children in Need«-Tag der BBC (an dem Geld für Kinder in Not gesammelt wird), Teufelshörner und ein Fledermauscape für Halloween. Er freut sich tatsächlich, wenn ich die Kiste heraushole, weil er weiß, dass er dann fotografiert wird.

Er ist ein richtiges Model, und er schaut sich auch sehr gern im Spiegel oder in einer Glasscheibe an. Die Atelierhütte meiner Mutter hat zwei große Fenster, da steht er gern und betrachtet sein Spiegelbild. Er legt den Kopf schief oder schüttelt ihn hin und her und schaut sich an. Auch in Pfützen entdeckt er sein Spiegelbild. Ich sollte ihm eigentlich einen großen Spiegel in den Stall hängen; damit würde ihm wohl nie langweilig werden.

Auch am Geburtstag verkleidet er sich gern. Dafür habe ich ihm einen kleinen Hut besorgt. Er wurde am 1. April geboren (wie passend!), und ich sorge jedes Jahr dafür, dass er merkt, wie besonders dieser Tag ist. Eigentlich sind es sogar drei Tage, denn wir feiern, so lange wir können. In meiner Familie ist es Brauch, am Abend vor dem Geburtstag zu feiern, dann am eigentlichen Geburtstag und schließlich am »zweiten Geburtstags-Tag«, an dem die Geschenke aufgemacht und so richtig gewürdigt werden – wie zu Weihnachten. Letztlich ist mir aber jeder Vorwand recht, um mit Alf besonders viel Spaß zu haben. Letztes Jahr habe ich ihm einen Pferdekuchen mit Möhren und Rübensirup gebacken. Keinen besonders großen, aber er mochte ihn sehr. Und ich habe Fähnchen aufgehängt und ihn mit allen möglichen Geschenken verwöhnt. Ein neuer Leckstein, ein Ball, ein Halsband – solche Sachen. Normalerweise futtert er erst mal alles Essbare auf und kümmert sich dann um die Geschenke. Alf hat eben seine Prioritäten. Im Übrigen liebt er alle Spielsachen, die den Hunden gehören, und versucht, sie ihnen zu klauen. Umgekehrt geht das aber gar nicht. Wenn jemand versucht, ihm etwas wegzunehmen, gibt es Ärger. Ich lasse sein Spielzeug immer in seinem Paddock, denn wenn Pepper an die Sachen geht, regt sich Alfie ziemlich auf und versucht, ihn zu vertreiben. Wenn die beiden zusammen auf der Weide oder im Paddock sind, müssen die Spielsachen weg, sonst gibt es Schwierigkeiten. Und neben all dem Spielzeug liebt Alf auch alle Arten von Schuhen.

Zum Glück sind die Hunde sehr verständnisvoll. Ich vermute, sie haben begriffen, dass Alf ein wenig größenwahnsinnig ist und dass es keinen Sinn hat, ihn herauszufordern. Die Hunde kommen ganz gut mit ihm zurecht, Sasha spielt sogar manchmal mit ihm Fußball. Aber wenn sie sich aufregt und bellt, bekommt Alf Angst und läuft weg. Dann muss ich ihn irgendwo auf der Weide einsammeln. Sasha schnappt sich auch manchmal den Fußball mit den Zähnen und läuft damit weg. Das nervt Alf auch ein bisschen, vermute ich.

Die meisten meiner Tiere sind miteinander befreundet. Ich finde, ich sollte sie euch alle vorstellen. Alf meint natürlich, es gehe hier nur um ihn, aber in unserer Familie gibt es sehr viele vierbeinige Freunde.

Sasha und Maggie, mein Cocker-Spaniel, sind sehr eng befreundet. Maggie bellt viel, ist aber sehr nett. Ihre Schwester Mollie lebt bei meinen Großeltern, und die beiden sind sehr gern zusammen. Ich erinnere mich noch, wie ich mit meinen Eltern und John Maggie abgeholt habe. Da war ich neun Jahre alt und John zehn. Maggie war noch ein winziger Welpe. Auf der Heimfahrt fuhren wir zu McDonald's, und genau in dem Moment wachte Maggie auf. Wir haben ihr heimlich ein Stück Pommes gegeben. Das ist meine früheste Erinnerung an sie, und ich muss immer noch daran denken, wenn ich bei McDonald's bin.

Maggie war die Kleinste aus ihrem Wurf, und wir wussten, dass sie immer ein paar Probleme haben und mehr Fürsorge brauchen würde als andere Hunde. Sie hatte Geschwüre am Körper, die entfernt werden mussten, und auch sonst musste sie ein paar Mal operiert werden. Sie brauchte immer sehr viel liebevolle Zuwendung, und deshalb ist sie auch das Baby der Familie geblieben, obwohl sie inzwischen mit ihren elf Jahren zu den ältesten Tieren gehört.

Sie ist zwar blind, aber ein sehr fröhliches Mädchen. Sie kennt sich im Haus aus und weiß, wo alles stehen sollte. Wenn ich meine Reitstiefel an der falschen Stelle stehen lasse oder wenn jemand einen Blumentopf versetzt, kann es gut sein, dass sie dagegenrennt. Wir müssen also wirklich vorsichtig sein.

Sasha passt gut auf sie auf, und Maggie läuft oft hinter ihr her. Sasha bleibt dann immer wieder stehen, um zu sehen, ob alles in Ordnung ist. Es ist wirklich nett. Wir wissen immer, wenn Maggie etwas fehlt, weil Sasha dann stellvertretend für sie stöhnt, bis jemand hingeht und nachsieht, was Maggie fehlt. Dann bekommt sie ein Leckerchen, was ihr natürlich gut gefällt. Sie und Alf haben viele Gemeinsamkeiten.

Sasha kam etwa zwölf Monate nach dem Tod von Kim zu uns. Sie ist jetzt fünf Jahre alt, ein wunderbarer Hund und sehr witzig. Sie versucht auch immer, sich einem auf den Schoß zu setzen, obwohl sie viel zu groß dafür ist. Es ist schon seltsam, dass sie so viele Verhaltensweisen von Kim übernommen hat. Zum Beispiel klaut sie Chips, wenn sie sich unbeobachtet fühlt. Vor allem Krabbenchips.

Nach dem, was mit Kim passiert ist, haben wir Angst, Sasha kastrieren zu lassen. Ich könnte es nicht ertragen, wenn ihr etwas zustoßen würde. Die meisten Leute unterschätzen die Liebe, die man zu seinen Haustieren entwickelt. Tiere werden zu Familienmitgliedern, und manchmal verbringt man mehr Zeit mit ihnen als mit den Menschen. Ich stehe jedenfalls meinen Tieren näher als einigen meiner Cousinen. Die Tiere sehe ich jeden Tag, die Cousinen vielleicht drei Mal im Jahr.

Wenn man Haustiere von klein auf bei sich hat, fühlt man sich für sie verantwortlich. Für mich sind sie eindeutig Freunde. Wenn mich Freundinnen fragen, was ich am Nachmittag mache, und ich sage: »Ich werde wohl mit den Jungs abhängen«, meine ich die Pferde. Einige finden das komisch. Aber wenn ich irgendwie sauer bin oder ein Problem habe, verbringe ich eine Stunde mit den Pferden, und schon geht es mir besser. Immer, wenn ich etwas Schweres durchmachte, standen sie mir zur Seite. Und wenn mir etwas im Kopf herumgeht, spiele ich morgens mit meinem Schlappohr-Kaninchen Malibu, und dabei werde ich gleich viel ruhiger. Es ist wie eine Art Therapie.

Sasha ist sehr lieb, sogar zu den Kaninchen und Meerschweinchen. Manchmal geht sie an den Stall und schnüffelt daran oder kratzt mit der Pfote. Und wenn Malibu dann einen Fuß ans Gitter legt, berühren sie sich. Es heißt immer, man solle Kaninchen und Meerschweinchen nicht zusammen halten, aber meine kommen sehr gut miteinander aus. Sie leben in denselben Ställen. Wenn ich sie für ein paar Tage trenne, fiepen sie und weigern sich zu fressen.

Natürlich müssen Weibchen und Männchen getrennt voneinander gehalten werden, sonst hätten wir ja ständig Babys. Ich habe überlegt, Malibu kastrieren zu lassen, aber die Chance, dass er die Operation überlebt, liegt nur bei fünfzig zu fünfzig, und das ist mir zu heikel. Für kleine Tiere kann die Narkose recht gefährlich sein, und aus irgendeinem Grund ist es bei Kaninchen besonders schlimm. Nach dem Erlebnis mit Kim will ich das Risiko nicht eingehen.

Malibu lebt mit Hamish zusammen, meinem männlichen Meerschweinchen. Tagsüber sind sie in einem gemeinsamen Gehege, nachts schlafen sie getrennt. Holly, Candy und Muffles, die beiden weiblichen Meerschweinchen und das weibliche Kaninchen, sind ständig zusammen, weil sie sich so gern haben. Muffles ist ein weißes Löwenkopfkaninchen mit einem braunen und einem blauen Auge. Sie sieht ein bisschen außerirdisch aus. Holly sitzt oft auf Muffles' Kopf und putzt sie. Dann hat sie ganz viel Haare im Maul.

Die Kaninchen und Meerschweinchen leben in unserer großen beheizten Scheune. Dort gibt es Glasfenster und

Kunstrasen, und sie sind sehr gern da. Aber manchmal kommen sie trotzdem zu mir ins Büro, wenn ich dort arbeite. Dann freue ich mich immer.

Ihr Bereich ist wie ein Hotel, in dem die Jungs oben wohnen und die Mädels unten. Die Jungs haben große Betten und Röhren und Tunnel zum Herumrennen. Die Mädels leben in einem »Luxusapartment« mit viel Auslauf und einem echten Schlafzimmer mit Hundekörbchen. Für warme Sommertage gibt es sogar einen Ventilator, vor dem sie sich dann gern rekeln. Das sieht lustig aus, weil man dann sieht, wie das Fell durchgepustet wird. Es wird wohl nicht mehr lange dauern, bis ich ihnen eine Wellnessabteilung baue.

Manchmal besorge ich frischen Spinat für sie, dann sind sie total begeistert. Der Spinat ist aber ziemlich teuer. – Für mich selbst würde ich ihn nicht kaufen, aber für sie besorge ich ihn gern. Sie werden sehr verhätschelt. Twinkle, mein Roborowski-Zwerghamster, lebt allein, nur mit einem Little-Alf-Stofftier zur Gesellschaft. Er ist immer fasziniert, wenn der echte Alfie ins Haus kommt. Robos sind unglaublich niedlich, und Twinkle ist wirklich intelligent. Er weiß, wann es Zeit für sein Futter ist und wann sein Trinkwasser nachgefüllt wird. Und wenn ich an seinen Käfig komme, läuft er zur Tür, weil er rauswill. Er ist so klein, dass ich sehr vorsichtig mit ihm umgehen muss, aber er ist zauberhaft.

Alf hat Twinkle vor Kurzem kennengelernt, und die beiden sind gut miteinander zurechtgekommen. Nun, sagen wir, ziemlich gut. Ich war in der Küche dabei, Twinkles Käfig sauber zu machen (was meiner Mutter nicht besonders gefällt), und hatte Twinkle in seinen Plastikball gesetzt, damit er herumrennen konnte. Da fiel mir ein, dass ich Twinkle Alf vorstellen konnte. Ich nahm also den Ball mitsamt dem Hamster mit in den Stall und ließ Alf an den Luftlöchern schnuppern.

Die beiden waren voneinander fasziniert, und als ich den Ball auf den Boden legte, rollte Alf ihn mit der Nase herum und leckte an dem Plastik. Twinkle hatte überhaupt keine Angst. Und Alf dachte sicher, der Laufball wäre ein Fußball für ihn.

Ich habe sie natürlich nicht allein gelassen und auch dafür gesorgt, dass Alf den Ball nicht zu schnell rollte, aber seitdem habe sie sich noch ein paar Mal gesehen und sind gute Freunde geworden.

Tatsächlich ist die Zahl unserer Haustiere in letzter Zeit etwas aus dem Ruder gelaufen. Im Moment sind es zwölf, was nach ziemlich viel klingt. Wenn ich könnte, hätte ich noch mehr Tiere, aber man muss ja vernünftig sein. Ich habe mir immer eine Schlange und einen Greifvogel gewünscht. Eine Zeit lang habe ich in Thorp Perrow gearbeitet, einem großen Zentrum für Greifvögel und Säugetiere bei uns in der Nähe. Als ich da mehr mit diesen unglaublichen Vögeln zu tun hatte, habe ich mir ernsthaft überlegt, einen Greifvogel bei mir aufzunehmen. Aber manche Bauern schießen auf Greifvögel, und ich wollte ihn nicht in Gefahr bringen.

Es ist schon eine komische Kombination von Tieren hier bei mir, aber es funktioniert. Alf und Pepper sind inzwischen gute Freunde, während Badger und Paddy mit ihm überhaupt nicht zurechtkommen. Es war von Anfang an nicht einfach mit ihnen; ich vermute, sie sind eifersüchtig. Obwohl ich meine Zuneigung wirklich gerecht verteile, denken sie immer, er wird bevorzugt. Ich würde Alf nie auf eine Weide mit Badger und Paddy stellen, weil man ihnen in Bezug auf ihn nicht trauen kann. Instinktiv wissen sie, wo ein anderes Pferd verletzlich ist.

Im September 2016 musste ich zum Einkaufen und ließ Alf in seinem Paddock. Als ich nach Hause kam, hörte ich Geräusche, aber da die Pferde oft Krach machen, dachte ich mir nicht viel dabei. Als der Lärm aber nicht aufhörte, ging ich doch hin, um nachzusehen. Alf war nicht in seinem Paddock. Im gleichen Moment hörte ich zu meinem Entsetzen ein Geräusch, das wie eine Mischung aus Wiehern und Schreien klang. Ich wusste sofort, das war Alf. So hatte er noch nie geschrien, und ich will ihn auch nie im Leben wieder so schreien hören.

Als ich zur Weide geflitzt kam, sah ich, dass Badger und Paddy Alf niedergeschlagen hatten. Ich hatte wirklich Angst um ihn, denn sie traten und bissen ihn und ließen ihn nicht aufstehen. Es war, wie wenn große Jungs auf dem Schulhof ein kleineres Kind terrorisieren. Ein schrecklicher Anblick.

Mir blieb nichts anderes übrig, als auf die Weide zu rennen und zu versuchen, die beiden zu verscheuchen. Ohne darüber nachzudenken, dass ich mich selbst in Gefahr brachte, kletterte ich über den Zaun und rannte zu den Pferden. Mein Schutzinstinkt war einfach stärker. Als ich richtig laut schrie, wich Badger zurück, aber Paddy musste ich an der Mähne von Alf wegziehen.

Sobald Alf ein bisschen Platz hatte, sprang er auf, schlug mit dem Schweif nach Badger und Paddy und ließ die beiden stehen. Ich wusste, er tat nur so, als sei alles in Ordnung; in Wirklichkeit hatte er eine Riesenangst. Nicht auszudenken, was passiert wäre, wenn ich nicht dazugekommen wäre. Alf hat einen sehr empfindlichen Rücken, weil er so klein ist. Badger und Paddy hätten irreparable Schäden anrichten können; ja, sie hätten ihn umbringen können.

Ich nahm Alf am Halfter und brachte ihn zurück in seinen Stall. Da blieb ich dann bei ihm sitzen, bis es ihm besser ging. Aber er war außer sich, ließ den Kopf hängen und tat sich selbst furchtbar leid.

Den Rest des Tages besuchte ich Badger und Paddy nicht, weil ich so wütend auf die beiden war. Als ich am Abend doch noch nach ihnen sah, schauten sie mich beide nicht an. Sie wussten genau, dass sie etwas sehr Schlimmes getan hatten. Allerdings vermute ich, dass sich Alf hüten wird, so bald wieder auf ihre Weide zu gehen.

Pepper und Alfie kommen gut miteinander klar und denken sich ständig Streiche aus. Sie sind ein lustiges Pärchen. Manchmal schnappen sie nach den Beinen des anderen, und man kann sicher sein, wenn der eine Blödsinn macht, fängt der andere auch gleich an. Pepper hat ein Stockmaß von 85 Zentimetern, er ist also 20 Zentimeter höher als Alfie, aber Alf ist ganz klar der Anführer.

Dass sie heute so gute Freunde sind, ist eigentlich komisch, denn am Anfang haben sie sich richtig gehasst. Pepper hat immer die Ohren angelegt und wurde aggressiv, sobald er Alf sah. Er wollte ihn nicht als Herdenmitglied akzeptieren. Doch irgendwann wurden sie die besten Freunde, und inzwischen lieben sie sich heiß und innig. Es hat ein paar Monate gedauert, aber jetzt beknabbern sie sich und laufen fröhlich zusammen herum.

Pepper ist vierzehn Jahre alt und braucht manchmal seine Ruhe. Damit ist Alf aber leider nicht immer einverstanden. Wenn er zu lästig wird, trenne ich die beiden, damit Pepper mal für sich sein kann. Und Pepper zahlt es ihm dann irgendwann heim und schubst ihn um. Dann kann es sein, dass Alf zu faul ist, um aufzustehen, und so tut, als hätte man ihm schrecklich wehgetan. Wenn ich dann rauskomme und ihm auf die kleinen Beine helfe, ist er wie durch ein Wunder wieder gesund.

Pepper war immer ein sehr braves, ruhiges Pferd, aber seit er Alf kennt, hat sich das geändert. Die beiden sind zwei echte Strolche, wenn sie zusammen sind. Das kann sehr lustig sein, aber einmal schleppte ich gerade zwei große Eimer Wasser, als die beiden kamen und mich umschubsten. Da war ich komplett durchnässt, und das war dann nicht mehr ganz so lustig.

Ein paar Mal sind sie sogar zusammen abgehauen. Ein echter Albtraum. Auf dem alten Hof sind sie ein paar Mal durch einen Zaun gebrochen und zusammen in den Wald gelaufen, sodass ich sie überall suchen musste. Wo wir jetzt wohnen, haben sie es auch schon mal geschafft, das Gatter zu ihrer Weide aufzumachen. Da war ich dann eine Stunde lang damit beschäftigt, sie wieder einzufangen. Ich habe einen Eimer mit Leckerchen geschüttelt, um sie anzulocken, aber sie blieben standhaft und machten ein Spielchen daraus. Sie wussten ja, dass es schwierig war, sie einzufangen, solange sie zu zweit waren.

Es ist einfach so: Alf ist inzwischen zu schlau. Ich habe ihm viele Tricks beigebracht, und er kann Türen öffnen, wenn sie nicht gut gesichert sind. Wir müssen sie verriegeln und zubinden, denn ein Riegel ist für ihn kein Problem mehr.

Der schlimmste Streich, den Pepper und Alf sich ausgedacht hatten, war ein Überfall auf den Obstgarten meines Vaters. Ich hatte einen ziemlich hektischen Bürotag und keine Zeit, mittags nach den Pferden zu sehen, wie ich es sonst immer tue. Gegen halb vier sah es aus, als würde es bald regnen. Ich beschloss, die vier schon einmal in den Stall zu bringen, und mit Badger und Paddy war das auch kein Problem. Aber als ich zu Pepper und Alfie ging, stellte ich fest, dass sie nicht in ihrem Paddock waren. Das Gatter stand weit offen.

Weit konnten sie nicht sein, weil unser Grundstück rundum eingezäunt ist. Aber auf den Weiden fand ich sie nicht. Allmählich machte ich mir Sorgen und wollte schon meine Mum anrufen, als ich Alfie wiehern hörte. Ich folgte dem Geräusch, und da waren sie, alle beide, im Obstgarten meines Vaters. Pepper stand sogar mitten im geliebten Springbrunnen meines Vaters und hatte seinen Spaß, während Alf gerade ein paar Äpfel klaute.

Alf kurz nach seiner Ankunft auf unserem Hof. Damals war er sogar noch kleiner als heute! Wer hätte gedacht, was für Abenteuer uns bevorstehen …

Frühe Reitjahre – vor meiner Verletzung. Hier zusammen mit Badger

Auf dem Trainingsplatz

Alf mit seinen Freunden: Badger, Paddy und Pepper

Andere tierische Freunde: auf der Koppel mit Alfie und Sasha

Twinkle, der Hamster

Der kleine Muffles

Candy, Floss und Holly, unsere drei Meerschweinchen

Kaninchen Malibu mit seinem Lieblingsspielzeug

Trainingsstunde mit Alf

Ich glaube nicht, dass ich diesen Schuh noch einmal wiederbekomme …

Zum Anpfiff! Alf ist ein großartiger Stürmer

Zeit für ein Teepäuschen

Alf mit seinem Krähen-Freund

Interview bei der Great Yorkshire Show

Vor dem neuen Little Alf Laden

Ein unglaublich aufregender Tag: unser Treffen mit Prinzessin Anne

Geburtstagssause

Alfies Auftritt bei der Brooke Charity in Bolesworth

Zu Hause mit Alf ist es am schönsten

Übrigens ist Pepper nicht das einzige Pferd, über das Alf herrscht. Er glaubt ja ohnehin, er sei der König der gesamten Pferdewelt. Vor Kurzem kam ein Sussex Punch namens Mango auf die Nachbarweide. Sussex Punchs sind riesengroße, aber sehr friedliche Pferde. Mango war kaum eingezogen, als Alfie auch schon anfing, ihm auf die Nerven zu gehen. Offenbar hatte er beschlossen, die Gutmütigkeit seines neuen Nachbarn auszunutzen.

Er fing sofort an, ihn herauszufordern, als gehörte die Weide ihm, und wieherte. Dann galoppierte er am Zaun hin und her, um den Riesen zu erschrecken, steckte den Kopf durch den Zaun und versuchte, ihn in die Knie zu beißen.

Mango ist fast zweieinhalb Mal so groß wie Alf, aber es ist vollkommen klar, wer der Chef im Ring ist. Kein Pferd ist vor Alf sicher.

Eine Stute namens Millie, die mindestens doppelt so groß ist wie er, wird schamlos angeflirtet. Er scheint echt zu glauben, er hätte Chancen bei ihr, und wenn sie in der Nähe ist, schlägt er angeberisch mit dem Kopf und trippelt herum. Das sieht sehr lustig aus.

Wenn ich all meine Tiere so anschaue, ist schon klar, dass ich die Problemfälle anziehe. Bei mir landen immer die Tiere, die viel Zuwendung brauchen.

Alf ist kleinwüchsig, hat einen Überbiss und ein schwaches linkes Bein. Seine Knie sind höher, als sie sein sollten, was ihn aber nicht stört. Er trabt einfach nur ein bisschen anders als andere Pferde. Der arme Paddy ist sehr nervös, weil er misshandelt und mit Feuer traktiert wurde. Außerdem ist er schief gewachsen und vorn niedriger als hinten. Pepper hat Hautprobleme, Badger hat Arthritis und schiefe Füße, Maggie ist blind, und Sasha fehlen ein paar Zähne.

Mein Meerschweinchen Floss, das vor Kurzem gestorben ist, hatte verwachsene Füße, und Malibu kann nicht hoppeln, weil sein Fuß verdreht ist. Muffles ist so auf mich fixiert, dass sie aufhört zu fressen, wenn ich in den Urlaub fahre. Die Meerschweinchen-Geschwister Hamish und Holly sind viel zu klein. Nur Twinkle ist gesund. Ich habe ihn letzte Weihnachten gerettet, weil er von seinen Geschwistern, mit denen er den Käfig teilte, gemobbt wurde. Abgesehen davon ist er aber in Topform.

Ihr seht also, es ist eine ziemlich bunte Truppe. Aber ich möchte auf keinen von ihnen verzichten. Sie bringen mich jeden Tag zum Lächeln, und eins ist sicher: Hier wird es nie langweilig.

KAPITEL 6

Komm, wir ärgern die Nachbarn

Ich habe schon immer gern Geschichten geschrieben, und weil Alf so ein eigenwilliger Charakter ist, kam ich auf die Idee, ein Buch über seine Abenteuer zu schreiben. Ich hatte einfach Lust darauf, selbst wenn ich nur für mich allein schrieb. Als ich damit anfing, dachte ich nicht an eine Veröffentlichung. Aber ich hatte das Schreiben ein bisschen vermisst, und Alf bot mir eine wunderbare Inspiration.

Wenn ich abends noch ein bisschen Zeit hatte, setzte ich mich hin und schrieb. Ich hatte keinen richtigen Plan, wollte aber, dass die Geschichte ein bisschen Magie besaß. Ich schrieb, was mir so einfiel; es floss einfach vom Kopf aufs Papier. Ich dachte nicht lange darüber nach oder machte mir Sorgen, wie es klang. Es war ja nur für mich und vielleicht für meine Familie, einfach so zum Spaß, und ich genoss es, dass ich mir keine Gedanken darüber machen musste, was andere Leute vielleicht dazu sagen würden.

Ich hatte keine Ahnung, wie lang ein Kinderbuch am besten sein sollte. Ich folgte einfach meinem Instinkt und schrieb, bis die Geschichte ein natürliches Ende fand. Der Titel, den ich ihr gab, lautete: *The Magical Adventure of Little Alf: The Discovery of the Wild Pony* (Little Alfs zauberhaftes Abenteuer: Die Entdeckung des wilden Ponys). Ich war sehr zufrieden damit. Als die Geschichte fertig war, las ich sie noch ein paar Mal durch und dachte, dass ich sie vielleicht doch ein paar Leuten zum Lesen geben konnte. Das konnte ja nicht schaden.

Ich hatte keine Ahnung, wie man ein Buch veröffentlicht, aber ich wusste von einem Schriftsteller in unserer Gegend, einem sehr netten Mann namens Donald. Mit dem nahm ich Kontakt auf und bat ihn um Rat. Er empfahl mir die Website eines Self-Publishing-Verlags namens Lulu, über den man sein Buch selbst drucken und veröffentlichen lassen kann.

Auf dieser Website wirkte alles sehr unkompliziert. Und was hatte ich schon zu verlieren? Wer wagt, gewinnt. Ich richtete mir dort also einen Account ein, entwarf mit Hilfe eines Fotos von Alf einen Umschlag, fügte für die Innenseiten ein paar eigene Zeichnungen hinzu und bestellte das erste Exemplar meines ersten Buchs.

Ich hatte meinen Eltern nichts davon erzählt, und als es geliefert wurde, fragte meine Mum: »Was in aller Welt ist das?« Sie konnten nicht glauben, dass ich ein Buch über Alfie geschrieben hatte. Es war nur ein einziges Exemplar, aber ich war einfach stolz, als ich es in der Hand hielt.

Am nächsten Tag nahm ich es mit in den Stall, setzte mich mit ein paar Süßigkeiten hin und las es Alf vor. Er war nicht unbedingt das aufmerksamste Publikum. Als ich zum Höhepunkt der Geschichte kam, döste er einfach ein. So viel zum Thema Dankbarkeit. Ich las es ihm später noch ein paar Mal vor, und er beschnupperte es oder stellte einen Huf darauf, während ich bei ihm saß. Jetzt ist es also mit Dreck beschmiert und trägt die Spuren seiner Nase. Typisch.

Verrückt, dass ich es wirklich geschafft hatte, ein ganzes Buch zu produzieren. Es sah sehr professionell und beeindruckend aus. Aber allmählich wurde mir klar, dass ich noch einige Arbeit vor mir hatte, wenn ich es in die Läden bringen wollte. Der Umschlag war noch nicht perfekt, weil die Qualität des Fotos nicht so toll war, wenn man es vergrößerte. Außerdem hatte ich die falsche Schrift gewählt, sodass das Buch eher wie ein Business-Ratgeber aussah und nicht wie ein Kinderbuch. Und als ich den gedruckten Text las, fand ich jede Menge Tippfehler. Entsetzlich!

Ich nahm alle notwendigen Korrekturen vor und bestellte mir ein neues Exemplar, in dem sich noch immer einige Fehler befanden. Oha.

Aber ich gebe nicht so leicht auf. Also machte ich wieder Korrekturen, bestellte wieder ein Exemplar und fand – ihr habt es euch sicher schon gedacht – wieder Fehler. Nach sechs Anläufen war das Buch endlich wirklich fertig, aber das war es mir wert. Ich war mehr als glücklich mit dem Endergebnis.

Im Mai 2014 gab es große Veränderungen bei uns, weil wir nach Fingall in ein neues Haus zogen. Ich war begeistert, weil wir dort eigene Weiden und Ställe hatten, sodass alle Pferde direkt bei uns leben konnten.

Unmittelbar nach dem Umzug waren die Ställe noch nicht fertig. Die Pferde blieben also erst einmal noch, wo sie waren. Alf konnte ich jeden Tag nur kurz besuchen, weil unser neues Haus ziemlich weit von Dianes Hof entfernt liegt und ich noch keinen Führerschein hatte. Ich war also darauf angewiesen, dass mich jemand mitnahm. Aber ich vermisste Alf so sehr, dass mein Dad mir schließlich anbot, einen provisorischen Stall zu bauen. Der Stall war winzig klein und sehr niedlich. Und ausbruchsicher, Gott sei Dank.

Als die anderen Pferde einzogen, hatten sie Alf mehrere Monate lang nicht gesehen. Sie kamen also in sein Revier. Es roch schon nach ihm, und er hatte bereits das Gras heruntergefressen. So hatte er jetzt die Oberhand, und sie akzeptierten ihn viel besser.

Die Pferde bekamen alle eigene Ställe. Ich konnte sie von meinem Fenster aus sehen. Dad baute sogar eine Überwachungskamera ein, sodass ich sie vom Haus aus im Stall beobachten konnte. So war es viel sicherer, und ich musste mir nicht mehr ständig Sorgen machen, dass möglicherweise jemand Alf stahl.

Alle Leute sagen, Alf hätte den besten Stall bekommen, weil er mein Liebling ist, aber das stimmt nicht. Sein Stall ist nicht schicker als die anderen, er hat lediglich Polster an den Wänden, damit er nicht mit dem Kopf gegen die Betonsteine schlägt. Peppers Stall haben wir aus dem gleichen Grund jetzt auch ausgepolstert.

Alfs Stall ist auch der hellste und hat mehr Fenster als die anderen, weil er so viel drinnen ist. Er hält sich gern im Stall auf und hat es gern gemütlich. Bei Kälte lege ich ihm eine Decke über; manchmal trägt er sogar eine rote Mütze mit Löchern für die Ohren. Und er hat einen blauen Schal mit Schafen darauf. Zusätzlich wickele ich ihm manchmal noch einen von meinen Kapuzenpullovern um, weil er gern etwas bei sich hat, was nach mir riecht.

Sein Stall liegt in der Nähe der Sattelkammer. So kann ich ihn morgens rauslassen, damit er mit mir herumläuft, während ich im Stall arbeite. Er kommt mit in die Sattelkammer, wo ich alles vorbereite, und dann geht er mit, die anderen Pferde füttern.

Kurz nach unserem Einzug in das neue Haus bekamen wir seinetwegen Ärger mit den Nachbarn. Es ist mir heute noch peinlich, daran zu denken.

Ich war unterwegs; Dad hatte gesagt, er würde nach Alf schauen. Als es später anfing zu regnen, ging Dad hinüber, um Alf in den Stall zu bringen. Es ist nämlich immer eine Katastrophe, wenn Alf nass wird. Zum einen hasst er es (vielleicht hat er Angst, dass er einläuft), zum anderen tun ihm die Muskeln weh, wenn sie kalt werden, und dann kann er nicht mehr gut laufen. Das ist wie bei manchen Menschen, die Kälte und Nässe auch nicht gut vertragen.

Dad wollte Alf das Halfter anlegen, aber Alf benahm sich so richtig schlecht und drehte immer wieder den Kopf weg, sodass Dad ihn nicht erwischte. Dann stellte er auch noch fest, dass mein Dad das Gatter offen gelassen hatte, und schon flitzte er los und rannte weg. Dad lief ihm hinterher, aber trotz seiner geringen Größe hat Alf ein ziemliches Tempo drauf. Man kann ihn kaum einholen, wenn er erst mal losrennt.

Unser neues Haus war teilweise noch eine Baustelle, und es gab kaum Zäune. Alf rannte wie der Blitz an den Bauarbeitern vorbei in den Nachbargarten. Zwanzig Minuten später fand Dad ihn im Gemüsebeet von Mr und Mrs Burton, wo er sich einen Festschmaus gönnte. Nun ist dieser Garten aber der ganze Stolz unserer Nachbarn. Und Alf hatte ihre teuren Schutznetze durchgebissen und verspeiste gerade ihren Rosenkohl, den Salat und die Tomaten. Dad sagte mir später, Alf hätte ausgesehen, als würde er ein Fest feiern. Und er, also Dad, hätte einfach nur entsetzt dagestanden und sich gefragt, wie er den Schaden wiedergutmachen konnte.

Die Burtons waren wohl ohnehin schon sauer auf uns, weil die Bauarbeiten solchen Lärm verursachten. Und jetzt kam Alf auch noch daher und fraß ihr liebevoll angebautes Gemüse. So viel zum Thema »einen guten Eindruck machen«.

Dad klopfte bei ihnen an und wollte eine Riesenentschuldigung loswerden, aber die Burtons waren nicht da. Also beschloss er, Alf erst mal nach Hause zu bringen und später wiederzukommen, um alles zu erklären.

Er brachte Alf also zurück in seinen Stall und fuhr später noch einmal weg, sodass ich ihn nicht antraf, als ich nach Hause kam. Und so saß ich gemütlich mit einer Tasse Tee vor dem Fernseher, als es an unsere Tür klopfte. Draußen stand Mrs Burton. Und sie sah ziemlich verstört aus.

»Wir vermuten, dass euer Pferd unseren Gemüsegarten geplündert hat«, sagte sie. »Alles ist durchwühlt, und man sieht lauter kleine Hufabdrucke.«

Ich dachte, das könne nicht sein. Nicht, dass ich Alf eine solche Untat nicht zutraute, aber ich ging davon aus, dass er den ganzen Tag in seinem Stall gewesen war.

»Es tut mir wirklich leid«, sagte ich. »Aber Alf kann das nicht gewesen sein. Er war die ganze Zeit hier. Mein Dad hat auf ihn aufgepasst. Ich hoffe, Sie finden heraus, wer es war, aber Alf war es definitiv nicht.«

Es war offensichtlich, dass Mrs Burton mir kein Wort glaubte. Als sie weg war, fragte ich mich, ob Alf womöglich abgehauen sein konnte, ohne dass es jemand bemerkt hatte. Dann kam mein Dad nach Hause, und ich erzählte ihm, das Mrs Burton Alf beschuldigt hatte, ihren Gemüsegarten verwüstet zu haben. Noch während ich erzählte, genervt seufzte und den Kopf schüttelte, schaute er mich unbehaglich an und meinte: »Hannah, ich muss dir was sagen.«

Dann erzählte er mir alles, und ich musste meinen ganzen Mut zusammennehmen, um zu den Burtons zu gehen und die größte Entschuldigung meines ganzen Lebens abzuliefern. Mein Herz raste, und ich hatte feuchte Hände, als ich klingelte. Als Mrs Burton aufmachte, lächelte ich so freundlich wie möglich und erklärte ihr, ja, mein nichtsnutziges Pony hätte tatsächlich ihr geliebtes Gemüse gefressen, und es täte mir unendlich leid. Ich glaube, ich habe mich etwa fünfzig Mal in unterschiedlichsten Varianten entschuldigt.

Zu meinem Glück war Mrs Burton sehr verständnisvoll. Sie sah wohl, dass ich wirklich nichts von Alfs Ausbruch gewusst hatte. Ich versprach ihr, wir würden Alf nie mehr in die Nähe ihres Gartens lassen, und bot ihr sogar an, bei der Wiederherstellung des Gemüsebeets zu helfen.

Wir kommen wirklich gut mit unseren Nachbarn zurecht, die im Übrigen auch sehr nette Leute sind. Aber bis heute entschuldige ich mich jedes Mal, wenn ich sie sehe. Sie haben Alf nach dem »Zwischenfall« noch einmal richtig kennengelernt und finden ihn inzwischen ganz reizend, aber ich bin immer noch entsetzt, dass so etwas passieren konnte.

Alf brauchte an diesem Tag kein Abendessen, was mich nicht überraschte. Aber als ich an diesem Abend nach ihm schaute, musste ich an die Anfangszeit denken, als er nichts anderes zu sich genommen hatte als Gras. Es hat zwei Jahre gedauert, bis er die ersten Polo-Pfefferminzbonbons von mir annahm, weil er so misstrauisch war. Inzwischen kann er gar nicht genug davon bekommen.

Tatsächlich sind Essen und Schlafen seine Lieblingsbeschäftigungen. Im Moment frisst er am liebsten Möhren, Äpfel und Marshmallows, die ja nun gar nicht gesund sind. Er liebt auch die Kräuter aus dem Garten meiner Eltern und schnappt sich immer ein Maulvoll, wenn er daran vorbeikommt.

Und er ist ein großer Fan von Bäumen. Wenn er kann, zieht er dicke Äste herunter und knabbert an den Blättern. Ich habe eine Liste von Giftpflanzen, die er nicht fressen darf, und passe sehr auf. Wenn er eine Pflanze frisst, die ich nicht kenne, rege ich mich immer auf und nehme sie ihm weg. Dann kämpft er mit mir und versucht, sie so schnell wie möglich zu kauen, während ich an ihr ziehe. Wenn er weiß, dass er etwas nicht fressen soll, beeilt er sich immer ganz besonders.

Auch seinen Apfelverzehr muss ich einschränken. Wenn Alf nämlich zu viel Obst isst, fängt er an zu furzen, und wie! Letztens stand ich neben Alf und band mir einen Schuh zu, als unser Postbote kam. Genau in dem Moment, als ich mich aufrichtete, furzte Alf. Unser Postbote fragte lachend: »Warst du das?« Ich schwöre, er macht das mit Absicht (Alf, nicht der Postbote).

Und dann ist Alf auch noch ein Langschläfer. Wenn ich ihn vor sieben Uhr wecke, ist er ganz benommen und bewegt sich so langsam, als wäre es eine echte Zumutung, wach zu werden.

Es gibt Zeiten, da muss ich ihm das Halfter anlegen und ihn aus dem Stall ziehen, weil er viel lieber im Warmen bleiben würde. Im Winter ist es am schlimmsten. Da macht er es sich bis um neun gemütlich, und wenn ich ihn rauslocken will, schaut er mich an, als wollte er sagen: »Vergiss es, da draußen ist es viel zu kalt.«

Manchmal beobachte ich ihn per Überwachungskamera, nachdem ich ihn abends reingebracht habe. Nach dem Abendessen stellt er sich in eine Ecke und schläft sofort ein. Es ist ja schon komisch, dass Pferde meistens im Stehen schlafen. Aber das hat mit ihrem Fluchtinstinkt zu tun. Sie wollen in der Lage sein, sofort wegzulaufen, wenn sich ein Raubtier nähert.

Alf aber ist so faul, dass er sich oft auch hinlegt, wenn ihm danach zumute ist. Aus irgendeinem Grund steckt er vorher immer seinen Schweif in den Wassereimer. Dann dreht er sich ein paar Mal und legt sich hin. Manchmal bleibt er bis zum nächsten Morgen liegen, und wenn ich dann zu ihm komme, muss ich ihm helfen. Selbst zum Aufstehen ist er zu faul.

Er ist wie ein Junge im Teenager-Alter; vermutlich schläft er viel zu viel. Tagsüber ist er ziemlich aktiv, aber manchmal hält er auch auf der Weide ein Nickerchen. Wenn er nachmittags besonders müde ist, verlangt er, dass man ihn früh in den Stall bringt. Dann wiehert er, bis ich hingehe und nachsehe, was los ist, und stupst mich, damit ich ihn in den Stall lasse. Ich bin sicher, wenn ich ihn ließe, würde er sich mit Freuden in mein Bett kuscheln.

Alf ist sehr gern drinnen. In unserem Garten steht eine große Blockhütte, und wenn jemand darin ist, springt er die Stufen hinauf, kommt hereingeschlendert und wärmt sich am Kamin auf. Als die Hütte noch neu war, hatte mein Dad draußen Zement gegossen. Alf, wie er eben ist, trat in die frische Schicht und hinterließ überall seine kleinen Hufabdrücke. Dad musste noch mal eine Schicht daraufgießen.

Eines Tages waren Mum und ich in der Hütte. Ich trank eine Tasse Tee, während Mum malte. Da kam Alf hereinspaziert, als wäre das die natürlichste Sache von der Welt. Als Mum kurz rausging, schnupperte er an ihren Paletten und warf auch eine große Palette runter. Dann lief er durch die Farbe, sodass seine Füße, seine Nase und sein Bauch ganz vollgeschmiert waren. Ich musste die Bodendielen mit Terpentin reinigen, aber ein paar Farbflecken blieben. Inzwischen war Alf ziemlich bunt. Noch Wochen später hatte er einen grünen Streifen in der Mähne. Er fand seinen kurzen Auftritt als Hipster-Pony wahrscheinlich ganz cool.

Als mein Vater in unserem Innenhof die Gartenmöbel neu strich, warf Alf einen großen Eimer mit Lack um. Da war nicht nur der ganze Boden voller Lack, sondern auch Alf, und außerdem musste ich ihn von einem der Stühle herunterzerren. Es brauchte viele Eimer mit warmem Wasser und Seifenschaum und viele Stunden Arbeit, bis ich den Lack wieder von Alf abgewaschen hatte. Sobald ich damit fertig war, lief er auf seine Weide und wälzte sich im Dreck. Ich stand da, sah ihm zu und konnte nichts tun. Es war, als wollte er mir sagen: »Du hast mich gebadet, das hast du jetzt davon.«

Meine Eltern haben sehr viel Verständnis dafür, dass Alf möglichst überall herumlaufen will, und drücken meistens ein Auge zu. Im Übrigen bin ja in der Regel ich verantwortlich, weil ich ihn irgendwo hinlasse, wo er nicht sein sollte. Neun von zehn Malen hebe ich beide Hände und nehme die Schuld auf mich.

Die paar Male, die ich ihn ins Haus gelassen habe, während meine Eltern nicht da waren, endeten allerdings in einer Katastrophe. Als Mum und Dad im Urlaub waren, kam er herein und wälzte sich auf Mums neuem Teppich. Ich verbrachte sechs Tage damit, das Teil zu reinigen und die Dreckflecken zu entfernen. Aber ein paar sieht man immer noch.

Ein anderes Mal zerdepperte er Mums Lieblingsvase und hinterließ einen weiteren Fleck auf dem Teppich, weil er mit schmutzigen Hufen ins Haus gekommen war. Ich habe versucht, die Schuld meinem Bruder oder den Hunden zuzuschieben. Als meine Eltern mich fragten: »Hannah, war Alf im Haus?«, schaute ich demonstrativ in die andere Richtung und sagte: »Neeein!« Aber das hat sie wohl nicht überzeugt.

Richtig blöd war es von mir, dass ich ein Foto von Alf ins Internet stellte, auf dem er sich in unserem Wohnzimmer vergnügt. Ich war gar nicht auf die Idee gekommen, dass meine Eltern das Foto sehen könnten. Sie haben es nicht so mit den sozialen Medien, deshalb dachte ich, sie würden sich meine Little-Alf-Seite nicht ansehen, aber weit gefehlt. Bald darauf fand ich eine Nachricht von Dad, die nur lautete: »Du bist aufgeflogen.«

Seitdem war Alf noch ein paar Mal mit mir im Haus, um fernzusehen, aber inzwischen putze ich ihm vorher immer gründlich die Hufe. Er weiß, dass wir einen großen Sack

Möhren in der Küche aufbewahren. Deshalb flitzt er immer zuerst dorthin, wenn ich ihn heimlich reinlasse. Außerdem hat er mitgekriegt, dass wir auch immer eine Packung Möhren im Kühlschrank haben (die sind für uns Menschen, aber das ist Alf natürlich egal). Deshalb geht er oft dorthin und stupst mit der Nase gegen die Tür, damit ich sie aufmache. Natürlich gebe ich oft nach. Eines Sonntags, als Mum anfangen wollte, den Braten vorzubereiten, fehlte die Hälfte der Möhren. Ich fürchte, wir haben einen schlechten Einfluss aufeinander.

Wenn das Wetter gut ist, verbringt Alf seine Zeit auch gern draußen, aber ein Allwetterpferd ist er nicht. Bei Sonnenschein läuft er grinsend draußen herum. Oft sitze ich bei schönem Wetter stundenlang bei den Pferden draußen, deshalb verbindet er wohl Sonnenschein mit meiner Anwesenheit.

Doch selbst im Sommer verbringt er die Nacht nicht gern draußen. Manchmal ist es in seinem Stall zu warm, weil er sich aufheizt wie ein Treibhaus. Dann muss ich Alf auf der Weide lassen. Aber wenn ich am nächsten Morgen komme, wirft er mir tödliche Blicke zu und lässt sich nicht streicheln. Das tut mir leid, aber es ist ja nur zu seinem Besten. Einmal war er so sauer, dass er mich am nächsten Tag stundenlang schnitt. Dann schnappte er sich einen meiner Schuhe, rannte damit weg und wollte ihn nicht zurückgeben. Das war wohl meine Strafe.

Aber weil ich ja eigentlich doch ganz nett bin, habe ich im letzten Sommer ganz viel Pferdeeis gemacht, was allen sehr gefallen hat. Alf hatte immer versucht, mir mein Magnum-Eis zu klauen. Da ich aber wusste, dass das nicht gesund für ihn ist, bin ich auf die Idee mit dem Pferdeeis gekommen.

Über Google war kein einziges Rezept zu finden, also musste ich selbst kreativ werden und mir etwas ausdenken. Ich mischte Wasser, Möhren und Äpfel im Mixer und fror die Mischung ein. Sehr einfach und sehr hübsch. Eine Ladung habe ich auch mit klein geschnittenem Obst gemacht. Das sah richtig cool aus.

In der Stadt kaufte ich die größten Eisformen, die ich finden konnte. Jemand fragte mich: »Machst du Eis für dich bei diesem heißen Wetter?« Als ich sagte: »Nein, das ist für meine Pferde«, hielten die Leute mich wohl für ein bisschen übergeschnappt.

Auf YouTube gibt es ein Video, auf dem man sieht, wie ich das Eis mache. Daraus wurde fast ein Hype. Viele Pferde-Websites und -Foren teilten den Link, sodass ich auf einmal massenweise Fotos von Leuten bekam, die Pferdeeis gemacht hatten. Einer hat sogar einen richtig großen Block in einem leeren Sahneeimer eingefroren. Das wäre Alfs Traum.

Als ich das Eis zu den Pferden brachte, drehten sie völlig durch; Alf am allermeisten. Er sprang hoch und versuchte, mir das Eis aus der Hand zu reißen. Es dauerte nicht lange, dann war alles aufgegessen. Alf versuchte, Paddys Eis zu klauen, aber da hatte er keine Chance.

Die nächste Ladung war mit Bananen, die gesund für Pferde sind. Aber Alf mochte das Bananeneis nicht. Vermutlich lag es daran, dass ich etwas von dem Pulver hineingetan hatte, das gut fürs Fell ist. Alf mag dieses Pulver nämlich gar nicht und hat es wahrscheinlich gerochen. Schlauer Kerl, man kann ihn einfach nicht überlisten. Ich habe auch schon überlegt, ihm sein Entwurmungsmittel ins Eis mischen, aber das hat wohl wenig Sinn. Er würde es eine Meile gegen den Wind riechen.

Im Sommer muss ich die Wassereimer der Pferde viel öfter auffüllen. Alf hat außerdem zwei große Wassereimer auf seiner Weide, damit er keinen Durst bekommt. Es ist anstrengend, die Eimer am Wasserhahn zu füllen und rüberzuschleppen, zumal Alf eine Weile lang die schreckliche Angewohnheit hatte, sie umzuwerfen, sobald ich sie ihm brachte. Diese üble Phase dauerte ziemlich lange. Irgendwann war ich es leid, ständig hin und her zu laufen, und stellte seine Wassereimer von da an in zwei große Autoreifen. Nun kann er sie anstupsen, so viel er will, sie fallen nicht um.

Wind hasst Alf wie die Pest. Und hier in den Dales stürmt es manchmal gewaltig. Wenn es ganz schlimm kommt, kann Alf umgeweht werden. Ich musste ihn schon ein paar Mal vor dem Sturm retten und in den Stall bringen, weil ich Angst hatte, er würde weggeweht werden. Das Einzige, was ihm am Wind gefällt, ist, dass seine Mähne dann so schön flattert. Das sieht dann aus wie in der Shampoo-Werbung. Und wenn die Blätter von den Bäumen fallen, kann er ihnen nachlaufen und sie fressen.

Den Frühling mag er, weil er den Lämmern am Ende der Weide so gern zuschaut. Letzten Frühling hatten wir sehr viele Lämmer, da ging er immer hin, wieherte und leckte ihnen über die Nasen. Stundenlang stand er da, und sie sprangen ganz aufgeregt herum.

Regen und Nässe erträgt er aber nur schwer. Schon wenn er eine schwarze Wolke sieht, ist er total genervt und wiehert, damit man ihn reinlässt. Es könnte ja regnen. Das spürt er; ich glaube, er hat so eine Art eingebauten Wettermonitor. Dann kommt er ans Gatter, damit man ihn reinholt. Ich schaue aus dem Fenster und denke mir, was hat er denn, es regnet doch gar nicht. Aber er hat recht, denn fünf Minuten später fallen die ersten Tropfen.

Wenn ich nicht da bin und es anfängt zu regnen, sodass

er nass wird, ist er sauer auf mich. Etwas Schlimmeres kann ich ihm gar nicht antun. Wenn schlechtes Wetter kommt und ich nicht zu Hause oder in der Nähe bin, muss ich meine Eltern anrufen und sie bitten rauszulaufen und Alf in den Stall zu bringen. Sonst ist er stinkwütend, wenn ich nach Hause komme.

Wenn niemand zu Hause ist und er wirklich nass wird, benimmt er sich, als wäre die Welt untergegangen. Ich bringe ihn natürlich sofort in den Stall, wenn ich nach Hause komme, aber dann wirft er mir seine tödlichen Blicke zu und weigert sich, mich zu küssen. Wenn ich dann auch noch versuche, ihn mit einem Handtuch abzutrocknen, weicht er mir aus und lässt mich nicht in seine Nähe kommen. Er steht in einer Ecke seines Stalls und ignoriert mich. Man sollte meinen, dass er es gewohnt ist, im Regen draußen zu sein, weil er ja die ersten acht Monate seines Lebens bei Wind und Wetter draußen verbracht hat, aber er ist halt sehr verwöhnt. Wahrscheinlich ist es meine Schuld, weil ich ihn am Anfang bei schlechtem Wetter immer reingebracht habe. Jetzt meint er, Regen wäre etwas ganz Schlimmes.

Er mag überhaupt kein Wasser. Wenn ich ihn bade, schmollt er hinterher stundenlang. Als er zu uns kam, hatte ich versucht, ihn zu baden, aber er lief nur herum, schlug mit dem Kopf und machte alle möglichen lächerlichen Geräusche.

Das Einzige, was ihm am Regen gefällt, sind Pfützen und Matsch. Darin wälzt er sich mit Wonne, besonders gern, wenn ich ihn gerade gewaschen und gebürstet habe. Dann muss ich ihn noch mal mit dem Schlauch abspritzen. Er schaut mich dann an, als wäre ich der böseste Mensch auf der Welt. Witzigerweise macht er sich total gern dreckig, aber seine Hufe sollen bitte sauber bleiben. Wenn seine Weide richtig verschlammt ist, trippelt er herum wie ein kleiner Prinz, damit sie nur ja nicht schmutzig werden.

Als er zum ersten Mal Schnee sah, wusste er damit nichts anzufangen und war ziemlich genervt. Nachdem er bei mir eingezogen war, wollte ich ihn beim ersten Schnee nach draußen locken, um ihn zu fotografieren, aber das gefiel ihm gar nicht. Es war, als würde er dem weißen Zeug misstrauen. Er steckte den Kopf hinaus, schaute sich die Sache an und zog den Kopf schnell wieder zurück. Inzwischen mag er Schnee ganz gern. Kalte Hufe gefallen ihm nicht so, aber er hat wohl gemerkt, dass man im Schnee seinen Spaß haben kann.

Alf und ich sind oft auf Entdeckertour und gehen viel zusammen spazieren. Einer seiner Lieblingsorte ist der Wald, wo er mit den Zähnen Löwenzahn pflücken kann. Er frisst auch gern Gras, Brennnesseln und Unkraut. Und er schwimmt gern ein bisschen in dem Bach bei unserem Haus.

Da er so klein ist, kann ich ihn problemlos zu einem Spaziergang in unser Dorf mitnehmen (außer natürlich, wenn es regnet). Das Dorf besteht nur aus sechs oder sieben Häusern, und Alf ist überall bekannt. Unser Pub Queen's Head gehört sogar zu unseren Twitter-Followern. Aber ich muss ständig aufpassen, wenn er dabei ist.

Beim ersten Mal, als ich ihn mitnahm, schaffte er es, sich loszureißen und über einen niedrigen Zaun in einen fremden Garten zu steigen. Ich versuchte verzweifelt, ihn wegzuziehen, aber er stemmte seine Füße fest ins Gras und rührte sich nicht. Ich zog an seinem Halfter, so fest ich konnte, und war ganz verschwitzt und atemlos. Außerdem war mir die Sache natürlich sehr peinlich. Gerade als ich rief: »Komm da raus, Alf, das ist ein fremder Garten!«, kamen die Besitzer in ihre Einfahrt gefahren und sahen das kleine Pferd auf ihrem Grundstück. Ich habe mich tausend Mal entschuldigt und spürte, wie mein Gesicht immer roter wurde. Zum Glück lachten sie und waren nett, obwohl auf ihrem Rasen überall kleine Hufabdrücke zu sehen waren. Heute mögen sie Alf so gern, dass sie ihm manchmal eine Möhre schenken, wenn wir an ihrem Haus vorbeikommen. Man kann ihm einfach nicht böse sein.

In unserem Dorf gibt es ein Eierhäuschen. Man wirft Geld in einen Schlitz und kann Eier von frei laufenden Hühnern mitnehmen. Eines Tages versprach ich meiner Mum, ich würde gehen und Eier fürs Abendessen holen, ein großes Tablett mit dreißig Stück. Alf nahm ich mit.

Ich brachte sie auch tatsächlich nach Hause, ohne ein einziges zu zerbrechen, und war ganz begeistert, wie schön sie aussahen. Zu Hause angekommen, stellte ich sie auf die Stufe vor der Haustür und rief Mum, sie sollte rauskommen und schauen. Dabei drehte ich mich vielleicht zwei Sekunden lang um. Und als ich wieder hinsah, drehte Alf mit seiner Nase gerade das ganze Tablett um, sodass die Eier herausfielen und alle zerbrachen. Das tat mir sehr leid! Außerdem war unsere Einfahrt gerade neu gepflastert, und jetzt war sie voller Eierpampe. Ich habe ewig gebraucht, um alles wieder sauber zu machen. Und was noch viel schlimmer war: Es gab keine Omeletts zum Abendessen.

Einmal stand ein altes Auto aus den Vierzigerjahren vor dem Pub. Es war sehr schön und glänzte – es muss ein Vermögen wert gewesen sein. Als wir gerade vorbeigingen, klingelte mein Handy. Ich zog es aus der Tasche, und als ich Sekunden später wieder hinsah, scheuerte Alf fröhlich sein Hinterteil an dem Auto, die Nase in der Luft. Ich musste ihn förmlich wegzerren. Natürlich blieben ein paar Pferdehaare auf der Motorhaube zurück. In diesem Moment kam der Besitzer des Wagens aus dem Pub, lächelte Alf sehr freundlich an und stieg ein, als wäre nichts passiert. Er muss gesehen haben, was Alf machte, aber offenbar war es ihm egal.

Ein anderes Mal, als wir spazieren gingen, wusste ich schon im Voraus, dass Alf Unsinn im Sinn hatte. Trotzdem dachte ich wohl, wir könnten gehen. Der Garten des Pubs ist immer sehr gepflegt. Sie haben sogar einen Gärtner, der sich um alles kümmert und sich je nach Saison immer neue Themen ausdenkt. Diesmal hatten sie gerade alles frisch bepflanzt, aber nun kam Alf vorbei, zog die Pflanzen aus den Kübeln und fing an, Blüten abzubeißen. Ich musste ihn wegziehen, damit er nicht alles ruinierte.

Im Frühjahr 2017 bekam ich sogar eine Geldstrafe von fünfzig Pfund aufgebrummt, weil er mal wieder gewütet hatte. Wir hatten einen Zuschuss bewilligt bekommen, um Unmengen von Osterglocken im Dorf zu pflanzen. Eigentlich war das keine besonders gute Idee, weil sie fast alle am Rand von einspurigen Straßen standen, wo die Autos und Traktoren sie kaputt fuhren, wenn sie einander ausweichen mussten.

Alf und ich gingen jedenfalls spazieren. Weil ich ein Auto kommen hörte, führte ich ihn an den Straßenrand. Da fing er dann an, die Blüten abzureißen, aber ich konnte ja sonst nirgends mit ihm hin, überall standen die Blumen!

Der Wagen kam mit einem ziemlichen Tempo angefahren, was gefährlich ist, weil bei uns immer Kinder auf der Straße spielen und auch viele Reiter unterwegs sind. Man darf deshalb bei uns auch nur etwa vierzig Stundenkilometer fahren, aber dieses Auto hatte mindestens neunzig drauf.

Als der Fahrer Alf und mich sah, bremste er scharf, ließ das Fenster herunter, beugte sich zu uns herüber und rief: »Leute wie du machen das ganze Land kaputt. Ihr elenden Pferdetypen! Ich arbeite in der Verwaltung, ich zeige dich an!«

Ich war entsetzt. Und tatsächlich, eine Woche darauf bekam ich einen Brief mit offiziellem Briefkopf, in dem mir mitgeteilt wurde, ich müsste fünfzig Pfund bezahlen, weil Alf die Osterglocken kaputt gemacht hatte. Ich habe keine Ahnung, woher der Mann mich und meine Adresse kannte, aber vermutlich kannte er Alf. Ich habe die Geldstrafe bezahlt, weil ich die Gründe einsehe, die dazu geführt haben, aber ich finde, der Mann hätte auch eine Strafe verdient, weil er viel zu schnell fuhr. Er war äußerst rücksichtslos und hat Menschen und Tiere gefährdet.

Aber ich will fair sein: Alf macht im Dorf immer wieder Blödsinn. Vielleicht lernt er etwas daraus, dass ich ihn ordentlich ausgeschimpft habe und er in jener Woche keine Möhren vom Freitagsmarkt bekommen hat.

Eines der Häuser im Dorf wird im Wesentlichen als Ferienhaus benutzt. Alf scheint instinktiv immer zu wissen, ob es gerade bewohnt ist oder nicht. Wenn jemand da ist, macht er keinen Unsinn in dem Garten, wenn nicht, spaziert er sofort hinein.

Als ich neulich dem Postboten begegnete, musterte er Alf sehr misstrauisch und sagte: »Du weißt schon, dass die Kette vor dem Garteneingang von Wish Cottage wieder unten liegt, oder?« Es hatte keinen Sinn zu leugnen. Ständig hänge ich die Kette wieder auf die Holzpfähle, aber Alf wirft sie immer wieder runter. Wenn das Haus gerade unbewohnt ist, wird er auch nicht erwischt. Da ist er dann in seinem Element.

Ein anderer Nachbar mäht jede Woche seinen Rasen und ist sehr stolz auf das perfekte Grün. Er hat die Fläche mit Spezialdraht eingezäunt, damit keine Tiere in seinen Garten kommen. Einmal ging ich mit Alf am Führzügel spazieren und sprach kurz mit einer Frau, da sagte sie: »Soll Alf da im Garten sein?« Als ich mich umdrehte, sah ich, dass er über den Draht gestiegen war und an den Büschen herumkaute.

Ich wollte natürlich nicht, dass der Besitzer mitbekam, dass Alf gerade seinen Rasen ruinierte, also musste ich über den Draht steigen und Alf durch das Gartentor hinauszerren. Da der Nachbar nicht da war, dachte ich erst, er würde vielleicht nichts merken. Aber dann sah ich die Hufabdrücke auf dem Gras. Es war also nur eine Frage der Zeit, bis wieder jemand bei uns klopfte.

Alfs Hufe sehen ungewöhnlich aus. Normalerweise haben Pferde ein dreieckiges Stück weiches Gewebe (das man »Strahl« nennt) im Huf, das für die Balance zuständig ist. Bei Alf fehlt dieses Stück. Sein Huf ist flach und fast rund. Viele Leute fragen sich, wie er stehen kann, weil seine Hufe nur gerade so groß sind wie eine Zwei-Pfund-Münze. Und da er ziemlich moppelig ist, versteht man wirklich nicht, wie er auf diesen lächerlich kleinen Stelzen stehen kann.

Pferdehufe müssen alle drei Monate getrimmt werden. Wenn der Hufschmied Alfs Füße hebt, muss er sehr vorsichtig sein, weil Alf so leicht umfällt. Alf kann diese Prozedur auch überhaupt nicht leiden; er schlägt dabei ständig mit dem Kopf und versucht, den Hufschmied in den Hintern zu beißen. Nur beim Polieren am Ende bleibt er ruhig stehen. Der Schmied hat ein spezielles Huföl, das die Hufe schön glänzend macht – das gefällt Alfie offenbar. Ich vermute, es schmeichelt seiner Eitelkeit. Es ist so eine Art Huf-Maniküre.

Auch die Wurmkur mag er nicht. Wie Hunde und Katzen, müssen auch Pferde zwei Mal im Jahr entwurmt werden, weil diese Parasiten unter Umständen eine tödliche Gefahr darstellen. Allerdings bekommen Pferde keine Tablette, sondern eine Paste.

So eine Tube Paste ist ganz schön teuer, sie kostet etwa sechzig Pfund. Beim letzten Mal, als ich Alf das Mittel gab, spuckte er es aus. Dasselbe passierte mit der zweiten Tube.

Mal eben so Medizin für hundertzwanzig Pfund durch den Schornstein. Oder besser gesagt, auf den Stallboden. Zum Glück war ich beim zweiten Mal vorbereitet und hatte Papier ausgelegt, um die Bescherung aufzufangen. Und beim dritten Versuch konnte ich ihn überreden, das Zeug zu schlucken. Mit einer Möhre als Bestechung.

Ich möchte nicht den Eindruck erwecken, als wäre Alf ständig nur unartig. So ist es nicht. Aber meistens eben schon. Er mag normalerweise auch Menschen, aber manchmal erschrickt er, weil alle so viel größer sind als er. Er erkennt Menschen am Gang und an ihren Schuhen. Am liebsten hat er es, wenn sie sich zu ihm runterbeugen, sodass er ihre Gesichter sehen kann. Kleine Kinder liegen ihm wohl auch aus diesem Grund, weil sie ungefähr so groß sind wie er. Nur wenn sie anfangen, auf ihm herumzuklettern, ist er nicht sehr begeistert.

Im Spätsommer 2014 musste ich wegen meines Rückens noch einmal ins Krankenhaus. Die Ärztinnen und Ärzte waren sehr zufrieden mit meinen Fortschritten. Sie staunten, wie gut es mir ging, hauptsächlich durch Sit-ups und yogaähnliche Übungen. Meine Eltern hatten mir ein Trainingsgerät für die Rumpfmuskulatur gekauft, das ich zwei Mal am Tag benutzte und das sehr hilfreich war. Ich benutze es immer noch und kann an einem einzigen Morgen ohne Weiteres fünfhundert Sit-ups machen. Das hätte ich nie für möglich gehalten.

Wenn ich nicht regelmäßig übe, spüre ich, wie schnell sich mein Körper verändert. Ich darf mein Training nicht schleifen lassen, sonst bekomme ich bald wieder Schmerzen. Selbst wenn ich mal so richtig Lust habe zu faulenzen (Weihnachten ist es besonders schlimm), muss ich einfach weitermachen.

Mein Rücken macht immer noch diese komischen Geräusche, aber die Ärzte haben mir gesagt, dass die Muskeln mit den Jahren um die Wirbel herum wachsen, sodass es sich dann legt.

Der Sommer war sehr schön für mich, aber gelegentlich auch schwierig. Meine Freundinnen und Freunde hatten College-Ferien und waren zu Hause, und ich hätte sie eigentlich häufiger sehen sollen. Aber zum einen hatte ich schon zu der Zeit, als ich das College verließ, gar nicht mehr so viel Kontakt mit ihnen. Sie waren viel zusammen und gingen oft auch schon direkt nach der Schule miteinander aus. Da war ich etwas in Vergessenheit geraten. Zum anderen arbeitete ich sehr viel und hatte nicht so viel freie Zeit wie sie.

Wie auch immer, es meldeten sich nicht viele bei mir. Es war also ein recht einsamer Sommer. Früher hätte mich das aufgeregt. Dann wäre ich ausgeritten, um den Frust loszuwerden. Aber das ging ja nicht mehr. Natürlich hatte ich diesen tollen kleinen vierbeinigen Kerl bei mir, der jede Lücke füllte, aber ich war fast achtzehn und hatte das Gefühl, ich müsste auch mal losgehen, um etwas zu trinken und zu tanzen und so weiter. Wenigstens ab und zu.

Ich wartete immer darauf, dass ich Lust bekam, mich aufzubrezeln und Party zu machen, aber das passierte einfach nicht. Wenn ich doch hin und wieder eingeladen wurde, musste ich abends entweder arbeiten, oder ich war zu müde, weil ich mich den ganzen Tag um die Pferde gekümmert hatte. Dann hatte ich keine Lust. Noch heute frage ich mich, wenn ich meinen Freundinnen zuhöre, ob ich nicht irgendetwas verpasse. Ich hatte so eine Phase, da dachte ich, ich müsste endlich geselliger werden. In den Fernsehserien, die ich sah, gingen die Leute ja auch aus. Aber solche Wahnsinnspartynächte, von denen die anderen immer berichteten, kamen bei mir einfach nicht vor. Letztlich fand ich es immer richtig langweilig, abends unterwegs zu sein.

Der nächste Club ist weit weg von uns. Die paar Male, die ich ausging, kam ich immer erst gegen sechs Uhr morgens heim. Und dann war ich so müde, dass ich nur noch rumhängen und mich möglichst wenig bewegen wollte. Ich musste mich zwingen aufzustehen und mich um die Pferde zu kümmern. Und sobald ich konnte, kehrte ich auf mein Sofa zurück.

Kein Wunder also, dass die Partyphase nicht lange dauerte. Ich habe auch nur ein paar Mal einen Kater gehabt und fand es so schrecklich, dass ich darauf in Zukunft gern verzichte. Ab und zu machten Freundinnen ein bisschen Druck. Eine schrieb mir mal: »Hör auf, deine ganze Zeit mit Alf zu verbringen, komm mit!« Sie meinte es nicht böse, sie wollte sicher nur, dass ich ein bisschen Spaß habe.

Doch Alf steht auf meiner Prioritätenliste nun mal ganz oben. Wenn mein Leben eher in Richtung Party gegangen wäre, hätte ich vielleicht das Interesse an meinen Pferden verloren oder nicht mehr die Energie gehabt, um richtig gut für sie zu sorgen. Und wenn ich die Absicht gehabt hätte zu studieren, hätte ich es mir wohl zwei Mal überlegt, Alf zu retten. Denn während der Zeit, die ich an der Universität verbrachte, wäre ja niemand da gewesen, der sich richtig um meine Tiere hätte kümmern können. Ich würde also heute ein ganz anderes Leben führen.

So wie es ist, verbringe ich den Abend immer am liebsten zu Hause und nicht irgendwo auf der Piste. Normalerweise trage ich ab acht Uhr meinen Schlafanzug und bin mit meinem Laptop und dem Bearbeiten von Videos beschäftigt. Manchmal sehe ich auch mit meiner Familie fern, oder wir hören Musik aus unserer Jukebox (ein Geburtstagsgeschenk meiner Mum an meinen Dad vor ein paar Jahren).

Ich schaue mir auch sehr viel auf YouTube an, vor allem

Pferdefilme, weil ich es schön finde mitzubekommen, was die anderen so machen. Oder ich suche nach Tipps für die Filmbearbeitung, weil ich gern Neues lerne. Und dann schreibe ich abends auch sehr viel. Ich habe eine wöchentliche Kolumne in der *Yorkshire Times,* für die ich ständig irgendwelche Ideen notiere.

Oft kommen meine Kaninchen und Meerschweinchen mit ins Haus und liegen bei mir. Tagsüber kümmere ich mich eher um die großen Tiere, abends um die kleinen. Für manche Leute klingt das sicher ziemlich langweilig, aber für mich ist dieses Leben genau das richtige.

Ich muss jeden Tag um halb sieben aufstehen, um alle vier Pferdeboxen auszumisten, die Tiere zu füttern und auf die Weide zu bringen. Das gefällt mir sehr. Oft werde ich gefragt, ob ich es nicht leid bin, jeden Tag dasselbe zu tun. Aber ich sorge sehr gern für meine Pferde. Sie sind auf ihre je eigene Art alle vier wunderbar.

An einem typischen Tag mit Alf stehe ich auf, schalte den Wasserkocher ein, mache mir einen Tee und gehe dann mit dem Becher über den Hof. Alf liebt Tee, ich muss also gut auf den Becher aufpassen. Ich lasse die Hunde raus und hole Alfie aus seinem Stall. Er gibt mir einen Kuss und geht dann mit mir in die Sattelkammer. Gern schaut er mal nach, was in meinem Becher ist, und wenn der Tee schon kalt genug ist, steckt er die Nase hinein und trinkt ein Schlückchen. Ich weiß, für andere Leute klingt das fürchterlich.

Wenn alle Pferde gefrühstückt haben, lasse ich sie auf die Weide. Alf geht in seinen Paddock und versucht wahrscheinlich, die anderen ein bisschen zu ärgern. Er folgt mir, wenn ich die Wassereimer fülle, und sitzt oft neben mir wie ein Hund. Das alles dauert ungefähr eine Stunde.

Morgens machen wir normalerweise ein bisschen Clickertraining, denn um diese Zeit ist er munter. Wenn er keine Lust dazu hat, zeigt er mir das, indem er in meine Schuhe beißt oder einfach weggeht. Wenn er doch Lust hat, üben wir den Kuss, auf einem Block stehen oder ein paar kleine Hindernissprünge.

Danach füttere ich die Kaninchen und Meerschweinchen. Auch da begleitet er mich. Die kleinen Tiere mögen ihn mittlerweile ganz gern. Er geht zu ihnen hin und schnuppert, und sie schnuppern zurück.

Alf wird jeden Tag gebürstet, und danach machen wir einen Spaziergang, bei dem er alle anderen Pferde begrüßt, denen wir begegnen. Und er frisst ein paar Osterglocken, auch wenn er das selbstverständlich nicht darf.

Ein paar Mal mussten wir schon die Zeit unseres Spaziergangs verlegen. Es sprechen uns so viele Leute an, dass es manchmal zwei Stunden dauert, bis wir einmal ums Dorf sind, obwohl der Weg nur dreieinhalb Kilometer lang ist. Gestern sind wir um drei Uhr nachmittags gegangen, aber da haben uns so viele Nachbarn aufgehalten, dass wir erst um sechs wieder zu Hause waren. Dabei haben wir kaum zwei Kilometer zurückgelegt. Sechzehn Leute haben uns angesprochen, ich habe tatsächlich mitgezählt. Eine Frau brachte uns ein paar Möhren, ein paar Bauarbeiter hielten uns an und fragten, ob das der »berühmte Alf« sei. Ich habe keine Ahnung, woher sie ihn kannten. Dass sie sich für Alf interessieren könnten, hätte ich nie gedacht.

Wenn wir nach Hause kommen, kriegt Alf sein Futter – Kraftfutter, Heu und Wasser –, und dann schläft er ein paar Stunden. So läuft das jeden Tag. Ich bin sicher, eines Tages komme ich in seinen Stall und finde ihn mit einer Gesichtsmaske und Ohrenstöpseln vor.

Gegen halb elf am Abend gehe ich noch einmal über den Hof, begleitet von den Hunden und mit einem Becher heißer Schokolade in der Hand. Dann sitze ich noch ein bisschen bei Alf und bürste ihn, bevor ich ins Bett gehe.

Wir halten uns an diese Routine, weil sie Alf gut gefällt. Manchmal stehen aber andere Dinge auf der Tagesordnung, zum Beispiel eine Signierstunde mit meinen Büchern oder eine Veranstaltung oder ein Besuch. Schon deshalb ist kein Tag wie der andere. Und was auch immer der Tag bringt, ganz sicher stellt Alf irgendetwas an.

Jedes Mal, wenn ich denke, er könne mich nicht mehr überraschen, passiert etwas Neues. Gestern früh zum Beispiel brachte ich Alfie sein Frühstück, und als ich mich umdrehte, saßen zwei Krähen auf seinem Rücken und zupften ihm loses Haar aus. Dann flogen sie zu unserer Scheune, kamen aber bald wieder und machten weiter. Offenbar benutzen sie sein Fell für ihren Nestbau. Das war schön anzusehen. Besondere Momente wie dieser sind der Lohn für all die harte Arbeit.

KAPITEL 7

Ponygeschichten

Während der Oktober 2014 näher kam, bereitete ich die offizielle Herausgabe meines ersten Buchs vor. Jetzt endlich fühlte es sich richtig an. Mir hatte noch ein bisschen Selbstvertrauen gefehlt, und ich dachte ständig: Soll ich oder soll ich nicht? Aber dann beschloss ich, es zu machen. Also bestellte ich zwanzig Exemplare und drückte die Daumen, dass das Buch den Leuten gefallen würde.

Ich schrieb darüber in meinem Blog und erwähnte es auch in den sozialen Medien. Und siehe da, innerhalb weniger Tage waren die zwanzig Exemplare verkauft. Das machte mir Mut, ein paar mehr zu bestellen. Richtig begeistert war ich, als die ersten positiven Besprechungen eintrudelten. Besonders freute es mich, dass Kinder und Erwachsene gleichermaßen Freude an dieser Geschichte hatten, die einfach so meiner Fantasie entsprungen war. Jetzt wollte ich so schnell wie möglich mit der Arbeit an einem zweiten Buch beginnen.

Weil ich so viel arbeitete, hatte ich ein bisschen Geld sparen und den Druck selbst finanzieren können. Vom Verkauf wurde ich nicht reich, aber dass ich Geld mit etwas verdiente, was ich so gern tat, war schon aufregend.

Jeanette, meine Chefin bei Quaint and Quirky, machte mir das Angebot, mein Buch in ihr Sortiment aufzunehmen. Und der Verkauf lief richtig gut. Allerdings traute ich mich nicht, den Leuten zu sagen, dass ich es geschrieben hatte. Wenn die Kunden sahen, dass die Autorin in der Nähe lebte, fragten sie danach. Dann erzählte ich ihnen von »Hannah«, ohne zuzugeben, dass ich selbst das war. Eine Frau sagte zu mir: »Das klingt, als wäre sie ein tolles Mädchen.« Und ich antwortete lächelnd: »Ja, sie ist wirklich nett.«

Einmal erzählte ich einer Familie von Hannah und Alf, während eines der Kinder in dem Buch blätterte. Als sie das Foto auf der Rückseite sah, sagte sie auf einmal: »Bist du das? Die sieht ja aus wie du!« Ich stritt alles ab, weil es mir peinlich war, aber ich glaube, sie haben mir nicht geglaubt.

Irgendwann musste ich meine Schüchternheit aber überwinden, weil Jeanette auf die Idee kam, den Leuten die Autorin vorzustellen. An den Tagen, an denen ich ohnehin bei ihr im Laden arbeitete, konnten die Leute kommen und ihr Buch signieren lassen. Dadurch wurde der Verkauf noch mehr angekurbelt.

Und so dachte ich über weitere Möglichkeiten nach, das Buch zu vermarkten. Ich wollte wirklich gern bekannter werden, und ich wollte, dass noch mehr Menschen die Geschichte von dem wilden Pony lasen. Also fing ich an, das Buch stärker zu vermarkten, vor allem über die sozialen Medien, und zwar sowohl auf meiner eigenen Seite als auch auf der von Alfie. Regelmäßig aktualisierte ich die Hinweise und erzählte den Leuten, wo sie das Buch kaufen konnten. Es war ein sehr schlichter Marketingplan, aber die Reaktion war unglaublich.

Schließlich kam eine E-Mail von einem anderen Laden in unserer Gegend. Sie fragten nach dem Einkaufspreis! Ich war so aufgeregt, dass ich am liebsten jedem davon erzählt hätte. Allerdings war bei uns niemand zu Hause. Ich sprang also allein im Zimmer herum und lief dann hinunter und erzählte es Alf. Als ich später an diesem Tag meine Mails checkte, fand ich weitere Bestellwünsche von anderen Läden. Richtig viele Mails waren das! Ich war so schockiert, dass ich meinen Mailaccount noch mal neu startete, um sicher zu sein, dass es stimmte.

Daraufhin beschloss ich, meine Ersparnisse zu investieren und richtig viele Bücher drucken zu lassen. Das war ein ziemliches Risiko, denn die Läden hatten ja ein Rückgaberecht und zahlten nur für die tatsächlich verkauften Exemplare. Wenn der Verkauf stockte, würde ich kistenweise Bücher im Keller haben – und ein leeres Bankkonto. Aber wenn ich das Risiko nicht eingegangen wäre, hätte ich ja nie erfahren, ob es funktionierte. Ich hätte mich immer gefragt, was wohl hätte sein können, wenn …

Meine Familie und meine Freunde unterstützten mein Unternehmen sehr. Aber natürlich gab es auch Leute, die die Vorstellung einigermaßen lächerlich fanden, dass ich ein Buch geschrieben hatte. Ein Mädchen sagte zu einer Freundin von mir: »Was macht Hannah da bloß? Sie wird davon doch nie und nimmer leben können!« Auch auf Twitter bekam ich einige hämische Bemerkungen von Leuten zu hören, die ich kannte (und von einigen Unbekannten). Ich konnte das nur auf Neid zurückführen, denn ich hatte ja nie etwas getan, womit ich jemanden verletzt oder geärgert hatte.

Einige Leute dachten wohl, mir würde der »Ruhm« zu Kopf steigen oder ich würde mich für etwas Besonderes halten. Dabei stimmt das gar nicht. Wer schon einmal erlebt hat, dass hässlich über sie oder ihn geredet wurde, kennt vermutlich das dadurch erzeugte ungute Gefühl. Mich hat es immer sehr verletzt, wenn Leute unfreundlich über mich redeten, aber es war zehn Mal schlimmer, wenn sie Gemeinheiten über Alf von sich gaben. Dann wurde ich richtig wütend. Er kann sich ja gegen so etwas nicht wehren.

Letztlich ist aber das Sprichwort wahr, dass Erfolg die beste Rache ist. Und je mehr Bücher ich verkaufte, desto weniger kümmern mich die negativen Meinungen anderer Leute. Es schmerzt immer noch, wenn jemand Gemeinheiten verbreitet, aber ich lasse es nicht mehr so nahe an mich herankommen und stecke meine Energie lieber in das nächste Projekt. Wichtig ist vor allem, dass ich den Glauben an mich selbst bewahrte.

Ich habe tausend Pfund in den Druck der Bücher investiert, eine Wahnsinnssumme, wenn man erst siebzehn ist und Tag und Nacht dafür arbeiten muss. Zum Glück haben sich die Bücher wirklich gut verkauft, und die Läden haben nachbestellt. Da ich nach Bedarf drucken lassen kann, verwendete ich das Geld, das ich durch den Verkauf verdiente, für die Druckkosten der nächsten Auflage und machte sogar noch ein bisschen Gewinn.

Allmählich sprach sich die Sache mit dem Buch herum, und es kamen erste Anfragen wegen Interviews für Zeitschriften und Zeitungen. Das erste Interview gab ich der *Darlington and Stockton Times,* unserer Lokalzeitung. Ich war furchtbar aufgeregt und machte mir Sorgen, ich könne etwas Falsches sagen oder in irgendein Fettnäpfchen treten.

Der Journalist, der das Interview führte, hatte schon mal mit mir gesprochen, weil ich ein paar Jahre zuvor ziemlich viel Wohltätigkeitsarbeit gemacht und dafür sogar einen Preis bekommen hatte: Im Jahr 2013 hatte ich fünfhundert Smarties-Kekse für die Organisation Children in Need gebacken. Die Schule hatte noch Kuchen gespendet, und ich hatte alles mit einem Reingewinn von zweieinhalbtausend Pfund verkauft. Und das war nicht das einzige Mal, dass ich in jenem Jahr in der Zeitung zu sehen war: Ich hatte an der Kletterwand unserer Schule eine Höhe zurückgelegt, die der des

Mount Everest entsprach, auch dies für einen guten Zweck. Wir kletterten von halb neun am Morgen bis halb acht am Abend, und Rachel McKenzie, die Weltmeisterin im Thaiboxen, schloss sich uns an. Außerdem absolvierte ich im Jahr 2016 zusammen mit meinem Dad einen Fallschirmsprung aus fünftausend Metern Höhe. Was für ein Adrenalinstoß! Mein armer Dad war sehr nervös, aber ich würde es jederzeit wieder machen. Durch diesen Sprung kamen fünfzehnhundert Pfund für eine Organisation namens RP Fighting Blindness zusammen. Das war mir ein großes Anliegen, weil meine Großmutter in den letzten zwölf Jahren immer mehr von ihrer Sehkraft verloren hatte. Und da es sich um eine sehr kleine Organisation handelt, wollten wir gern helfen. Ich habe immer schon gern bei solchen Events mitgemacht, bei denen Geld für einen guten Zweck gesammelt wurde. So viele Menschen auf der Welt brauchen Hilfe, und es ist eigentlich gar nicht so schwer, etwas für sie zu tun. Seitdem ich begriffen habe, wie viel erreicht werden kann, wenn Menschen an einem Strick ziehen, bin ich in dieser Hinsicht sehr motiviert.

Der Journalist, der über mich geschrieben hatte, war durch meinen Blog auf das Buch aufmerksam geworden. Und so fragte er mich, ob ich Lust auf ein Interview hätte. Dann griff eine Agentur namens Northern Press meine Geschichte auf und veröffentlichte sie in Zeitschriften wie *Take a Break* und auf einer Reihe von Websites. Das war toll, weil daraufhin noch mehr Leute das Buch kauften. Ich war stolz, dass es geklappt hatte und dass auf diese Weise so viele Menschen von Alf erfuhren. Außerdem zeigte es den Skeptikern unter meinen Bekannten, dass ich meine Arbeit ernst nahm.

Als ich sah, welche Wirkung die Pressearbeit hatte, bemühte ich mich, so viel Eigeninitiative zu entfalten wie möglich. Ich schrieb eine Reihe von großen Pferdezeitschriften an, erzählte ihnen von mir, und sie schrieben etwas über Alf und auch über mein Buch. Meine Verkaufszahlen gingen inzwischen in die Tausende, und sie stiegen weiter. All meine Hoffnungen wurden wahr, und meine harte Arbeit hatte sich gelohnt.

Ich habe wie gesagt immer gern für gute Zwecke gearbeitet. Kurz nach dem Erscheinen meines ersten Buchs kam ich mit einer tollen Organisation in Kontakt, die sich Riding for the Disabled Association nennt (RDA), also sich dem Reiten für Menschen mit Behinderung widmet. Die Kinder und Erwachsenen, denen diese Organisation zur Seite steht, sind autistisch oder behindert, und sie entwickeln ganz wunderbare Beziehungen zu den Pferden. Wenn sie reiten, kann man den Unterschied förmlich sehen. Die RDA arbeitet schon seit vierzig Jahren auf diesem Gebiet, und es gibt mehr als fünfhundert Gruppen von Ehrenamtlichen in Großbritannien. Sie helfen jedes Jahr achtundzwanzigtausend Menschen – eine unglaubliche Zahl.

Ich habe beobachtet, wie das Leben von Menschen durch den Kontakt zu Tieren vollkommen verändert wurde. In dem sehr interessanten Buch von Tim Hayes mit dem Titel *Riding Home. The Power of Horses to Heal* über die heilende Kraft von Pferden heißt es, Pferde könnten erwiesenermaßen Herzen heilen und Menschen mit Traumaerfahrungen helfen. Seit ich die Wirkung bei denjenigen erlebt habe, denen durch RDA geholfen wird, glaube ich das absolut. Ich arbeite seit Herbst 2014 mit dieser Organisation zusammen. Ich wusste, dass es eine Gruppe in meiner Nähe gibt, also sprach ich mit dem Leiter und erfuhr, dass ihnen noch ehrenamtliche Mitarbeiter fehlten. Am liebsten hätte ich sofort angefangen, aber ich brauchte erst ein polizeiliches Führungszeugnis.

Nachdem das erledigt war, konnte ich bei RDA mitarbeiten. Am nächsten Donnerstag stellte ich mir den Wecker auf sechs Uhr, kümmerte mich um meine Pferde und eilte dann voller freudiger Erwartung los.

Eine Scheune diente als Treffpunkt. Dort kam ich um acht Uhr an und traf mich mit der ehrenamtlichen Mitarbeiterin Julia. Sie stellte mich einer anderen Mitarbeiterin vor, die mir alles erklärte – die grundlegenden Aufgaben, die Teeküche (sehr wichtig!) und so weiter. Das Zentrum liegt inmitten von Weideflächen. An allen anderen Tagen findet hier ein normaler Reitschulbetrieb statt, aber am Donnerstag nutzen die RDA-Gruppen die Einrichtung. Es gibt Ställe, eine Reithalle und ein Informationsbüro.

An diesem ersten Morgen gingen wir in die Sattelkammer und bereiteten die Ponys vor. Dann bauten wir den Parcours auf. Alle zwanzig Minuten kamen neue Gruppen von Kindern und Erwachsenen. Es war unglaublich, wie glücklich sie waren, sobald sie mit den Pferden zusammen sein konnten. Einige Reiterinnen und Reiter sind geistig behindert, andere haben körperliche Einschränkungen. Ein Mädchen hatte durch eine Krankheit ein Bein verloren und nie gedacht, dass es irgendwann für sie möglich sein würde zu reiten. Es war toll, sie auf dem Pony durch die Reithalle traben zu sehen. Einige Kinder waren sehr nervös, als sie ankamen, aber während der Zeit mit den Pferden kamen sie aus ihrem Schneckenhaus, und am Ende lächelten sie.

An diesem Tag kam ein neuer Reitschüler namens Liam ins Zentrum, und ich bekam die Aufgabe, mich um ihn zu kümmern. Da ich genauso neu war wie er, fanden die anderen Ehrenamtlichen, dass dies eine gute Kombination sei. Liam ist Autist und war furchtbar schüchtern, aber als ich ihn auf einem Shetlandpony durch die Reithalle führte, fand er schnell Kontakt zu dem Tier und wurde viel offener. Man sah den Gesichtern seiner Eltern an, wie glücklich sie waren. Seine Mum und sein Dad sagen, seit er reite, habe sich sein Zustand enorm verbessert. Er redet jetzt viel mehr mit ihnen. Sie fanden die Entwicklung ganz unglaublich. Es ist schön, so etwas mit anzusehen.

Da ich erlebt hatte, wie positiv die Wirkung von RDA ist, wollte ich so viel wie möglich helfen. Das Zentrum ist auf Spenden, Zuwendungen und Erbschaften angewiesen. Jedes Pfund zählt, sei es durch Kuchenverkäufe oder Floßrennen. Einige Lotterien tragen auch finanziell zum Erhalt der Organisation bei. Aber letztlich müssen die einzelnen Zentren sich selbst finanzieren. Ich beschloss, einen Teil meiner Bucherlöse an RDA zu spenden, was ich bis heute tue. Ich spare das Geld, und alle sechs Monate schicke ich eine Spende an RDA, damit sie ihre wunderbare Arbeit weitermachen können.

Nach ein paar Wochen in dem Zentrum bot ich an, Alf mitzubringen, damit die Kinder ihn kennenlernen konnten. Zum Reiten war er nicht geeignet, aber ich dachte mir, die Kinder würden es trotzdem schön finden, in seiner Nähe zu sein. Er war auch vom ersten Moment an sehr nett zu ihnen, und die Kinder fanden ihn sehr lustig und lieb.

Ich nehme ihn immer noch mit dorthin, weil die Kinder ihn so gern bürsten und streicheln. Ein Junge namens Joe, der im Rollstuhl sitzt, bürstet Alf sehr oft. Einmal fing Alf an, den Rollstuhl anzustupsen. Ich sagte ihm, er solle das lassen, aber Minuten später hörte ich ein Krachen, und da hatte es Alfie geschafft, den Rollstuhl mitsamt dem armen Joe umzukippen. Zum Glück fanden Joe und seine Betreuerin das lustig, aber seitdem beobachte ich Alf noch genauer. Man kann ihn eigentlich nicht eine Minute aus den Augen lassen.

Ein anderes Mal erzählte eine der ehrenamtlichen Mitarbeiterinnen den Kindern einiges über Pferde und gab Sicherheitshinweise. Alf stand an einen Pfosten gebunden da und sollte ein bisschen Ruhe geben. Da er aber ganz in meiner Nähe war, wieherte er jedes Mal laut, wenn ich an ihm vorbeiging, während ich arbeitete. Alle kicherten, und er lenkte die Kinder viel zu sehr ab. Ich musste mich neben ihn stellen, damit er endlich still war.

Am Ende dieser Übungseinheit kam ein Junge namens Chris zu Alf. Er konnte an diesem Tag nicht reiten, weil es ihm nicht so gut ging. Um ihn zu trösten, erlaubte ich ihm, Alf am Zügel durch die Reithalle zu führen. Alf fand das aber gar nicht gut und wurde immer schneller. Und ehe ich michs versah, rannte er mit vollem Tempo durch die Halle. Chris ließ sich davon aber nicht abschrecken, sondern rannte einfach mit. Eigentlich sollte er Alf führen, aber jetzt sah es eher so aus, als wäre es umgekehrt. Chris lachte aus vollem Halse.

Manche Kinder sehe ich immer wieder im Zentrum, darunter auch ein nettes Mädchen namens Sophie, das mir immer übers Haar streicht und sagt, wie schön es sei. Sie sagt immer: »Es ist so seidenweich!«, und dann reden wir über mein Shampoo und meine Spülung. Von den Erwachsenen ist es Amy, die jede Woche kommt. Amy ist achtundzwanzig Jahre alt und hat das Down-Syndrom. Im Umgang mit den Pferden ist sie sehr selbstbewusst und intelligent. Sie begreift sofort alles. Manche Leute unterschätzen sie, weil sie so jung aussieht, und dann sind sie ganz überrascht, wenn sie mit ihr reden, weil sie so lustig und redegewandt ist. Ich habe immer Spaß an den Gesichtern der anderen, wenn sie merken, dass sie sie unterschätzt haben.

Da in dem Zentrum auch normaler Reitschulbetrieb stattfindet, kann es sein, dass Leute draußen schon auf ihre Reitstunde warten, wenn wir fertig sind. Manchmal grüßen unsere Kinder dann die Wartenden. Sie sind nämlich alle sehr freundlich. Ich bin immer schockiert, wenn die Leute einfach nicht zurückgrüßen. Einige schauen sogar weg. Das bricht mir jedes Mal das Herz. Man sollte andere Menschen doch so behandeln, wie man selbst behandelt werden möchte! Sie fänden es sicher auch nicht schön, wenn man sie nicht beachten würde.

Wie auch immer: Wenn ich von meinem RDA-Einsatz komme, bin ich immer glücklich. Inzwischen habe ich mein Bronze- und Silberabzeichen für junge Kursleiter und arbeite auf das Goldabzeichen hin. Für das Bronzeabzeichen muss man zwanzig Stunden mitgearbeitet und ein Fundraising-Projekt durchgeführt haben. Ich habe eine Signierstunde mit meinen Büchern gemacht und das Geld gespendet. Für das Silberabzeichen musste ich sechzig Stunden mitarbeiten und eine schriftliche Arbeit mit zwölftausend Wörtern schreiben. Außerdem brauchte ich acht Beurteilungen. Das ist ganz schön viel, aber jetzt haben Alf und ich unser Abzeichen, das allen zeigt: Wir sind RDA-qualifiziert.

Ich arbeite inzwischen seit drei Jahren für die Organisation. Am Anfang war ich zwei Mal in der Woche dort, aber wenn ich viel Arbeit habe, schaffe ich es nicht, so viel zu tun, wie ich gern möchte. Ich sorge aber dafür, dass Alf und ich bei allen Veranstaltungen dabei sind, und ich helfe auch noch regelmäßig mit. Diese Organisation verändert wirklich das Leben von Menschen. Auch meines. Ich habe viel gelernt, und die Teammitglieder sind sehr eng miteinander verbunden. Es ist wie in einer Familie.

Das RDA-Zentrum liegt ganz in der Nähe von Catterick Garrison, dem größten Militärstützpunkt in Großbritannien. Manchmal kommen Soldaten zu uns, die nach einer Verletzung oder Operation eine Reha brauchen. Mit ihnen zu arbeiten und ihre Geschichten zu hören, ist etwas ganz Besonderes.

Vor Kurzem habe ich angefangen, für eine zweite pferdebezogene Wohltätigkeitsorganisation zu arbeiten, nämlich für Brooke. Sie kümmern sich um die schwierigen Lebensbedingungen von Arbeitspferden, Maultieren und Eseln und um die Menschen, die mit ihnen arbeiten. Ihre Einsatzgebiete sind Afrika, Südamerika und der Nahe Osten. Ich hatte einen ihrer Tweets weitergegeben und sehr viel Resonanz darauf bekommen. Daraufhin fragten sie mich, ob ich nicht einmal in ihr Londoner Büro kommen wolle, um sie kennenzulernen. Da ich in der darauffolgenden Woche ohnehin mit meinem Freund in London war, ging ich hin und erfuhr von einer Veranstaltung, die sie planten: einen Mini-Hackathon. Dabei geht es darum, dass Leute ihr Pony hundert Tage lang je sechzehn Kilometer weit führen und dafür Sponsoren suchen, sodass von jedem hundert Pfund zusammenkommen. Sie fragten, ob Alf und ich die Kampagne fördern würden, und da ich es für eine sehr gute Sache hielt, sagte ich zu.

Ich stellte Fotos von Alf für die Kampagne zur Verfügung, und seitdem frage ich jede Woche an, ob ich irgendwie helfen kann. So fuhr ich beispielsweise mit ihnen zu einem großen internationalen Reitturnier in Bolesworth und sprach vor siebenhundertfünfzig Schülerinnen und Schülern, um ihre Aufmerksamkeit für das wichtige Anliegen zu wecken.

Die Leute von Brooke wissen von meinen Verpflichtungen bei RDA und verstehen auch, dass ich ihnen nicht so viel Zeit widmen kann, wie ich es gern täte. Am liebsten würde ich jede einzelne karitative Organisation unterstützen, aber ich fände es auch schlimm, wenn ich mich verzetteln würde und nicht mehr mit hundertprozentigem Engagement dabei wäre. Es kann eben nur so laufen, dass ich mich konzentriere und dafür sorge, dass die Leute das Bestmögliche von Alf und mir bekommen.

Mein zweites Weihnachtsfest mit Alf war toll, und nach einem schwierigen Jahr mit der Krankheit meiner Cousine Maria, meinen Rückenproblemen und dem Abschied vom College fühlte sich alles richtig und gut an. Maria war auf dem Weg der Besserung, mein Rücken tat nicht mehr so weh, und ich wusste, mein Abgang vom College war eine der besten Entscheidungen meines Lebens gewesen.

Mein Buch verkaufte sich immer noch gut, und die Rückmeldungen von Freunden und Verwandten waren positiv, ebenso die über das Internet. Hässliche Kommentare spornten mich eher an, als dass sie mich belasteten.

Ich hatte jetzt ein gutes Jahr mit Reha und Physiotherapie hinter mir. Die Schmerzen meldeten sich immer noch, wenn ich mir zu viel zumutete, aber ich wollte wissen, ob es nach all der harten Arbeit möglich war, wieder zu reiten. Ein paar Tage nach Weihnachten beschloss ich, mit Paddy auszureiten und zu sehen, wie sich das anfühlte. Und ich muss zugeben, es war herrlich. Ich war voller Selbstvertrauen und dachte, mein Rücken wäre wieder heil und die ganzen Übungen für die Rumpfmuskulatur hätten endlich etwas gebracht. Doch es dauerte nicht lange, da waren die Schmerzen wieder da. Sie wurden sogar so schlimm, dass ich umkehren und möglichst schnell nach Hause reiten musste. Die Ärzte sagten, es läge daran, dass meine Hüftgelenke überdehnt waren. Dass passiert häufig bei Leuten, die viel reiten. Und diese Störung wirkt sich auf den Rücken aus. Nachdem es aber nur eine Möglichkeit gibt, sicher auf einem Pferd zu sitzen, kann man da nicht viel machen.

So wurde mir an diesem Tag schmerzhaft bewusst, dass ich nie wieder würde reiten können. Wie gut, dass Paddy eigentlich auch keine große Lust mehr dazu hat. Wenn er ein Vollblut wäre, das jeden Tag geritten werden muss, hätte ich mir über kurz oder lang etwas für ihn überlegen müssen. Es wäre nicht fair gewesen, ihn zu behalten, wenn er bei uns nicht mehr geritten wurde. Doch zum Glück ist er ganz glücklich, wenn er auf seiner Weide herumhängen kann. Und ich beschäftige ihn mit Training und Tricks, damit ihm nicht langweilig wird.

Damit mir nicht langweilig wurde, beschloss ich, für das neue Jahr ein paar Signierstunden anzubieten. Ich hatte schon ein paar Einladungen zu Buchfestivals und anderen Veranstaltungen, und Mitte Januar waren Alfs und mein Terminkalender für das Jahr 2015 gut gefüllt. Jeden Monat gab es zwei Veranstaltungen und Signierstunden, das ganze Jahr hindurch. Außerdem gelang es mir, das Buch bei Millbry Hill unterzubringen, einer großen Kette mit Läden für Reitbedarf. Der Start ins neue Jahr hätte also gar nicht besser sein können.

Millbry Hill lud uns in die Filiale in Stokesley zu einer Signierstunde ein. Ich sorgte dafür, dass Alf an diesem großen Tag richtig schick aussah. Ich bürstete sein Fell und polierte seine kleinen Hufe. Und dann wurde ich nervös, weil ich dachte, dass vielleicht gar keiner kommen würde. Es war schon eine große Sache für uns. Aber ich nahm all meine Hoffnung zusammen und fuhr zum ersten Termin von »Alfies Buch-Tour« los.

Meine armen Eltern fuhren Alf und mich immer überall hin. Bei dieser Gelegenheit packten wir Alf in den Lieferwagen meines Vaters, den er für ihn umgebaut hatte. Dad hatte Holzwände eingezogen, und wir legten jede Menge Decken und Kissen hinein, bevor wir losfuhren. Außerdem gab es eine Rampe, sodass Alf selbst ins Auto steigen konnte. Aber dazu hatte er absolut keine Lust. Ich versuchte ihn mit den unfehlbaren Möhren und Polo-Pfefferminzbonbons zu locken, aber er ließ sich auf nichts ein. Dazu muss man wissen, dass Alfie erstaunlich stark ist. Wenn er etwas nicht will, dann will er es nicht, Punkt. Schließlich musste Dad ihn hochheben und ins Auto packen. Sobald er drin war und merkte, wie gemütlich es dort war, fand er sich schnell mit der Situation ab. Typisch Alf.

In den Sommermonaten kann ich Alf selbst hochheben, aber im Winter nimmt er zu und ist viel schwerer. Dann geht er ja nicht so oft auf die Weide. Die meisten Pferde nehmen im Winter eher ab, weil ihr Organismus so viel damit zu tun hat, Wärme zu produzieren. Deshalb enthält das Winterfutter mehr Zucker und Nährstoffe. Bei Alf funktioniert das irgendwie nicht, und so sehr ich darauf achte, ihn nicht zu überfüttern, wird er im Winter immer etwas moppelig. Weil er so klein ist, wirkt er ohnehin auf Fotos etwas gedrungen, auch in den schlanken Monaten. Erst wenn die Leute ihn in natura sehen, begreifen sie, wie unglaublich klein er ist. Aber unabhängig von der Jahreszeit ist es für jemanden mit einem kaputten Rücken nicht ratsam, ihn hochzuheben.

Alf nimmt sehr schnell ab, deshalb kümmert es ihn überhaupt nicht, wenn er ein bisschen dicker ist. Bei seinem struppigen Fell sieht man es ohnehin kaum, und er ist ja insgesamt sehr zufrieden mit sich. Am Hintern und an den Beinen hat er eher zu viel Haut, weil sie noch weitergewachsen ist, als er schon nicht mehr wuchs. Aber auch das ist für ihn okay. Im Winter sieht man es nicht, weil sein Fell dann länger ist, aber im Sommer schlappt die Haut ein bisschen hinter ihm her, wenn er geht. Trotzdem hält er sich mit Sicherheit für den Liam Hemsworth der Pferdewelt.

Ich muss immer aufpassen, weil er so gierig ist. Manchmal sehe ich ihn an und denke mir, er hat wieder zugenommen, ich muss ihn mehr bewegen. Mit meinen langen Beinen kann ich ziemlich schnell gehen, sodass er traben muss, wenn er mit mir Schritt halten will. Das ist für uns beide ein gutes Training. Aber letztes Jahr gab es mal zwei Monate, in denen wir feststellten, dass jede Menge Pellets fehlten. Eines Tages fragte ich meine Mutter: »Hast du die Pferde gefüttert? Die Pellets verschwinden doch nicht einfach so.« Aber sie war nicht an dem Beutel gewesen, es war wirklich verwirrend.

Des Rätsels Lösung fand sich aber schneller als erwartet, als ich wenig später in die Sattelkammer kam und dort Alf vorfand, die Nase in dem Beutel mit den Pellets. Ich fragte ihn: »Was machst du denn da?« Er sah mir tief in die Augen und fraß dann weiter, als wollte er sagen: »Versuch doch mal, mich daran zu hindern.« Ich hatte keine Ahnung, wie er in die Sattelkammer gekommen war, denn die Tür lässt sich fest einklinken und ist eigentlich immer geschlossen. Als ich mir später die Aufzeichnungen der Überwachungskamera ansah, stellte ich aber fest, dass sie bei kräftigen Windstößen ab und zu aufging. Dann sah Alf seine Chance und lief hinein.

Ich hatte mir schon Sorgen gemacht, weil er sein normales Futter nicht mehr fraß. Das sieht ihm nämlich gar nicht ähnlich. Aber wenn er sich die ganze Zeit an den Pellets schadlos hielt, war es natürlich kein Wunder. Ich musste ihn auf Diät setzen und mehr mit ihm spazieren gehen, damit er wieder zu seiner Bikinifigur zurückfand.

Am meisten Freude macht man ihm mit einem Leckstein. Diese Steine sehen aus wie Riesendauerlutscher und sind sehr nahrhaft und voller Vitamine und Mineralstoffe. Aber sie haben auch sehr viele Kalorien. Wenn Pferde zu viel davon bekommen, werden sie dick. Bei mir ist es so, dass sich die Pferde einen Leckstein teilen müssen. Wenn ich einen raushole, riechen sie das sofort und stehen Schlange, um auch mal dranzukommen. Paddy ist richtig frech – er leckt nicht, sondern beißt sich ein Stück ab, als wäre es eine Tafel Schokolade. Dann läuft er damit herum und sieht den ganzen Tag lang sehr zufrieden aus.

Paddy ist ohnehin ziemlich verfressen. Vor ein paar Jahren wurde er krank, weil er etwas gefressen hatte, was ihm nicht bekam. Er stand am Ende seiner Weide und kam nicht, als ich ihn zum Füttern rief. Da wusste ich sofort, dass etwas nicht stimmte. Ich ging zu ihm hin, legte ihm das Halfter an und wollte ihn mitnehmen, aber er war ganz apathisch. Es dauerte ewig, bis ich ihn im Stall hatte; ich war in Tränen aufgelöst vor Sorge. Er war überhaupt nicht mehr er selbst.

Meine Mum rief den Tierarzt an, der auch sofort kam und ihn untersuchte. Er meinte, es sähe so aus, als wäre ihm irgendeine Pflanze nicht bekommen, und er würde erste Anzeichen einer Kolik zeigen. Daran kann ein Pferd innerhalb von vierundzwanzig Stunden sterben, eine schlimmere Krankheit gibt es bei Pferden kaum. Wir hatten Glück gehabt, dass wir es so früh bemerkt hatten. Der Tierarzt musste Paddy eine Antibiotika-Spritze geben, aber er fand keine Vene, was ebenfalls beunruhigend war. Es dauerte zehn Minuten, bis er ihm das Medikament verabreicht hatte. Paddy brauchte die Medizin innerhalb einer Stunde, sonst wäre es mit ihm sehr schnell bergab gegangen. Die Zeit war also wirklich knapp.

Wir warteten, ob es Paddy besser ging, aber er zeigte keine Anzeichen einer Besserung, und deshalb bekam er noch eine zweite Spritze. Ich blieb bei ihm, bis es dunkel wurde. Danach ging ich ins Haus und beobachtete ihn auf dem Monitor. Meine größte Angst war, dass er sich hinlegte. Wenn sich ein krankes Pferd hinlegt, weiß man eigentlich, dass es stirbt.

Zum Glück war Paddy aber am nächsten Morgen schon wieder fast der Alte. Ich war so erleichtert, dass ich noch einmal weinen musste. Jedenfalls hoffe ich, dass er daraus gelernt hat und nicht mehr alles frisst, was er erwischen kann.

Aber zurück zu der Geschichte mit Millbry Hill. Das ist nämlich eine tolle Geschichte.

Mum fuhr uns mit dem Van zu dem Laden, wo wir um halb zehn ankamen und Alfs Laufstall aufbauten. Ich hatte einen hölzernen Laufstall für kleine Kinder gekauft, den man leicht auf- und abbauen kann, und war sehr zufrieden mit mir.

Die Signierstunde sollte um zehn Uhr beginnen. Ich brachte Alf also in Position und setzte mich hinter den Tisch mit dem Bücherstapel, um auf die Leute zu warten, die mich kennenlernen wollten. Alf mampfte Heu und stupste mich immer wieder ans Bein, als wolle er mir ein bisschen mehr Sicherheit geben. Er merkte wohl, wie nervös ich war.

Wir sollten nur eine Stunde dort sein, und sie rechneten mit etwa fünfzig Leuten. Ich hoffte, es würde nicht zu viel für Alf, der es ja gewohnt war, Leute zu treffen, aber so viele »Fans« auf einmal noch nie gesehen hatte.

Kurz vor zehn kam Mum zu mir und sagte, da draußen stünde eine ziemlich lange Schlange. Der Laden hatte noch nicht geöffnet, aber vor der Tür standen schon mehr als siebzig Leute, die Alf kennenlernen wollten. Am Ende unserer Stunde waren es mehr als hundert gewesen, und alle hatten Bücher gekauft. Großartig!

Weniger großartig war Alfs Benehmen. Der Laden hatte eine große Theke mit Pferdeleckerchen, und während ich mit Signieren beschäftigt war, gelang es Alf, seinen Laufstall mit Füßen und Nase zu dieser Theke zu schieben und sich dort zu bedienen. Im einen Moment war er noch direkt neben mir, im anderen drei Meter weiter und damit beschäftigt, einen große Zehn-Kilo-Sack Pferdepellets aufzureißen. Die Pellets kullerten über den Boden, und Alf hatte einen Riesenspaß. Der Filialleiter war sehr nett, aber Alf hatte so viele gefressen, dass ich höflichkeitshalber den ganzen Sack kaufte.

Ich schob den Laufstall wieder zu meinem Platz und befahl ihm, sich zu benehmen, aber er hatte so viel gefressen, dass er jetzt schreckliche Blähungen bekam und stinkende Fürze von sich gab. Es war wirklich nicht zu »überriechen«. Ich lächelte einfach weiter und entschuldigte mich bei den Leuten. Er machte es ja auch nicht irgendwie diskret. Wenn Alf furzt, dann tut er das so laut, dass man es auf jeden Fall mitbekommt. Sogar die Leute am Ende der Schlange schauten, woher das Geräusch kam. Ich drehte mich zu ihm um und sagte: »Alfie, ehrlich, kannst du nicht ein bisschen mehr Respekt zeigen?« Aber ratet mal, ob ihn das kümmerte.

Ich hatte Sorge, die Leute könnten denken, dass ich es war, die so furchtbar stank. Ein Mädchen, das an meinen Tisch kam, schnupperte ganz entsetzt, sodass ich mich gezwungen war zu sagen: »Tut mir leid, er ist halt ein Junge.« Sie lachte ein bisschen, aber mir war klar, dass sie nur schnell wieder wegwollte.

Ein anderes Mädchen kam mit ihrem Buch und hatte eine Tüte mit Süßigkeiten in der Hand. Als ich den Kopf neigte, um etwas in ihr Buch zu schreiben, hörte ich einen Schrei. Und als ich hochfuhr, sah ich, dass Alf seinen Laufstall wieder verschoben hatte. Diesmal hatte er ihn bis zu dem Mädchen hingeschubst, und jetzt steckte seine Nase schon tief in ihrer Haribo-Tüte. Als er wieder auftauchte, schleckte er sich die Lippen. Weil ich schon fürchtete, das Mädchen würde anfangen zu weinen, schenkte ich der Kleinen das Buch.

Unsere Stunde war fast um, aber um weitere Zwischenfälle zu verhüten, kamen zwei Angestellte und setzten sich neben

Alfs Laufstall. Er war sauer, dass sie ihm den Spaß verdarben, und fing an, an ihnen zu knabbern. So saßen sie also mit verschränkten Armen da und versuchten, ernst zu bleiben, während er nach ihren Ellbogen schnappte.

Zum meinem Erstaunen buchte uns derselbe Laden zwei Wochen später noch einmal; allzu schlimm kann es also nicht gewesen sein. Aber ich schrieb mir »sicherer Laufstall für Alf« ganz oben auf meine To-Do-Liste.

Wenig später bekamen Alf und ich eine Einladung zum Manchester Book Festival. Da waren wir schon mit einem neuen, schweren Laufstall aus Metall ausgerüstet. Alf würde also kein Chaos mehr veranstalten können. Wenn das Ding stand, konnte er es nicht bewegen. Ich war daher sicher, dass alles reibungslos ablaufen würde.

Ich stellte meinen Tisch gleich neben seinen Laufstall und stapelte die Bücher schön ordentlich auf. Inzwischen hatte ich auch ein paar Merchandise-Artikel bestellt, um sie zu verkaufen – kleine Plüsch-Alfs und Porzellanstiefelchen mit dem Little-Alf-Logo darauf. Die baute ich auch auf.

Ich war nur ein paar Schritte weitergegangen, um mit anderen Standbesitzern zu sprechen, als ich plötzlich ein lautes Klappern hörte. Alf hatte sich auf den Rand seines Laufstalls gestemmt und einige Bücherstapel sowie das kleine Bücherregal umgestoßen, die ich auf meinem Tisch so stolz aufgebaut hatte. Außerdem flogen überall Plüsch-Alfs herum, und die Stiefelchen waren auf den Boden gefallen und zerbrochen. Freundliche Leute kamen und halfen mir beim Aufräumen, aber ich konnte die ganze Zeit nur daran denken, wie viel die Sachen gekostet hatten, die Alf in einer Minute ruiniert hatte. Hunderte Pfund!

Ich dachte, schlimmer könne es nicht mehr kommen. Aber Alf hatte noch mehr in petto. Einer der Veranstalter kam zu uns und fragte Alf im Spaß, ob er ihn interviewen dürfe. Als er ihm das Mikrofon vor die Nase hielt, schnappte sich Alf mit den Zähnen die schwarze Schaumstoffkappe und ließ sie auf den Boden fallen. Man konnte gleich sehen, dass sie nun ein großes Loch hatte. Und da der Veranstalter keine Ersatzkappe hatte, konnte er dieses Mikrofon den ganzen Tag nicht mehr benutzen. Jedes Mal, wenn wir uns sahen, sprach er mich darauf an. Ich sah, dass er richtig sauer war, aber ich konnte ja schlecht ins Stadtzentrum von Manchester fahren und ihm einen Ersatz kaufen. Was sollte ich also machen?

Alf wusste allerdings genau, dass er diesmal zu weit gegangen war. Sein Gesicht sprach Bände. Er weiß es schon, wenn er etwas angestellt hat. Dann sieht er ganz verlegen aus, und seine Ohren zucken. Außerdem senkt er den Kopf, und manchmal schaut er mich nicht an, weil er weiß, dass ich böse auf ihn bin. Ich muss mich dann sehr zusammenreißen, um nicht zu lachen. Er soll ja schließlich lernen, sich besser zu benehmen. Aber ich gebe zu, es fällt mir schwer.

Die nächste große Signierstunde fand im Gosforth Community Centre in Newcastle statt, und zwar im Mai. Jedes Jahr laden sie dort acht Autoren ein, und ich war eine der Glücklichen. Das überraschte mich sehr, weil es zum ersten Mal eine Veranstaltung außerhalb Yorkshires war. Ich konnte mir nicht vorstellen, dass uns dort irgendjemand kannte. Wir sollten von zehn bis zwei Uhr dort sein, waren aber zu unserer großen Begeisterung schon mittags ausverkauft. Alf benahm sich an diesem Tag erstaunlich gut; es war ein echt schöner Tag. Wenn er nur immer so brav wäre!

KAPITEL 8

Albernheiten

Ermutigt durch die erfolgreichen Signierstunden, beschloss ich, mich auch zu ein paar lokalen Landwirtschaftsausstellungen und Veranstaltungen anzumelden. Die erste derartige Veranstaltung war die Countryside Live. Auch dorthin begleitete mich Alf. Ich verkaufte meinen gesamten Büchervorrat, zweihundert Exemplare, auf dieser ersten Ausstellung – unglaublich! Überall redeten die Leute über Alf und das Buch, und ich konnte es kaum erwarten weiterzumachen. Immer häufiger bekam ich Anfragen von Leuten, die wissen wollten, wo wir als Nächstes zu sehen sein würden, damit sie hinkommen und uns treffen konnten.

Im Internet fand ich weitere Veranstaltungen und übertrieb es vielleicht ein bisschen mit den Anmeldungen. So etwas wie Marktforschung hatte ich ja nicht betrieben und nahm naiverweise an, alle würden mein Buch kaufen wollen. Bald lernte ich, dass es vor allem Kinder, Eltern und Großeltern waren, die sich dafür interessierten. Ich musste also Veranstaltungen aussuchen, wo sie in großer Zahl vertreten waren.

Eine Veranstaltung, an der ich teilnahm, war eine Frauenkonferenz. Da passte ich überhaupt nicht hin. Ich hatte gedacht, dass es nur gut sein könne, wenn ich möglichst überall dabei war, aber an diesem Tag begriff ich, dass das nicht stimmte und ich anders vorgehen musste. Ich hatte kein Geschäftsmodell, keine Broschüren, nichts. Das war nicht besonders professionell. Die Teilnehmerinnen fragten sich sicher, was ich eigentlich bei dieser vornehmen Veranstaltung machte. Es gab dort tiefschürfende Vorträge – und ich stand da und fragte die Leute, ob sie ein Buch über ein kleines Pony kaufen wollten.

Zu dieser Zeit hatte ich nicht einmal eine richtige Website. Ich hatte mir selbst eine zusammengeschustert, aber wenn ich heute daran denke, ist sie mir eher peinlich. Man sah ihr eben an, dass sie von einer Achtzehnjährigen stammte, die nicht genau wusste, was sie da tat. Und so war es ja auch.

Ich beschloss, mich auf Landwirtschaftsausstellungen zu konzentrieren, weil ich da einigermaßen sicher sein konnte, dass Pferdefreunde anwesend sein würden. Da ich etwas professioneller wirken wollte, ließ ich mir einen Alf-Pavillon anfertigen. Er ist schwarz, und vorn steht in gelben Buchstaben »Little Alf«. Der Pavillon begleitet mich jetzt überall hin. Er ist richtig glamourös und hat sogar Fenster, durch die ich Luft hereinlassen kann, wenn es für Alf drinnen zu warm wird. Und ich kann ihm darin einen Laufstall aufbauen, damit er sich sicher fühlt. Außerdem kann er dort nicht viel anstellen, was für mich eine große Erleichterung ist.

Beim ersten Mal, als ich den Pavillon einsetzte, war es sehr ruhig. Erst als ich draußen ein Schild mit dem Hinweis aufstellte, dass Alf bei mir war, zeigten die Leute mehr Interesse. Sobald sie begriffen hatten, dass ein echtes Tier in dem Zelt war, waren sie fasziniert. Am Ende musste ich Leute wegschicken, weil die Warteschlange zu lang wurde. Ein Mädchen wartete ewig darauf, ihn sehen zu dürfen, und als sie reinkam, fragte sie mich: »Was ist denn mit ihm?« Ich war etwas verwirrt und fragte: »Was meinst du denn? Ihm geht es gut.«

Sie legte den Kopf schief und sagte, Alf würde »unheimlich« und »seltsam« aussehen. Dann bat sie um ein Foto und ließ ihr Buch signieren. Und wenig später postete sie das Foto auf Twitter und schrieb dazu, wie schön es gewesen sei, uns kennenzulernen, und wie toll Alf sei. Manchmal verstehe ich die Leute nicht.

Im selben Jahr meldete ich Alf und mich bei der East Riding Country Fair an, einer großen Veranstaltung, die auf dem Ausstellungsgelände von Driffield stattfindet. Wir bekamen sogar Zeit in der zentralen Arena, nachdem ich ihnen erzählt hatte, welche Tricks Alf draufhat. Alf und ich bereiteten uns gründlich darauf vor. Wenn wir trainierten, rollte er seinen Ball und stand auf seinem Block und war überhaupt sehr, sehr brav. Ich konnte es daher kaum erwarten, den Leuten zu zeigen, was er kann.

Auf der Ausstellung waren viel mehr Leute, als ich erwartet hatte. Sobald wir ankamen, ging ich zu der Hauptarena, und während wir auf unseren Auftritt warteten, konnten wir ein paar anderen Vorführungen zusehen. Ich wurde immer mutloser. Der Mann vor uns führte ein paar unglaublich gut ausgebildete Jagdhunde vor. Es war ein bisschen wie bei der Casting Show *Britain's Got Talent. Das wird peinlich, dachte ich. So gut wie die sind wir im Leben nicht.*

Als wir an der Reihe waren, fühlte ich all die vielen Blicke auf mir. Ich stellte Alfs Hindernisse in die Arena und führte ihn hinein. Er sah die vielen Leute, sah mich an, und dann blieb er stehen und weigerte sich, noch einen Schritt weiter zu gehen. Ich ermunterte ihn, nach dem Ball zu treten oder auf seinen Block zu klettern, aber sobald ich sein Halfter auch nur berührte, scheute er zurück.

Als ich versuchte, an seinem Führzügel zu ziehen, bockte er und ging rückwärts. Da stand ich nun mit hochrotem

Kopf und wusste, es war sinnlos. Am Ende musste ich ans Mikrofon gehen und dem verärgerten Publikum sagen, dass Alfie heute leider nicht spielen wollte. Um vier Uhr waren wir noch für eine weitere Vorführung eingeplant, aber man teilte uns sehr höflich mit, sie werde ausfallen. So viel zum Thema Alf als Show-Pony. Wieder was gelernt.

Interessant war auch die Great Yorkshire Show in Harrogate. Als Ehrengäste waren Prinz Charles und Camilla anwesend. Sie spazierten über das Gelände und sprachen mit ein paar Standbesitzern. Ich war außer mir vor Sorge, sie würden reinkommen, um Alf kennenzulernen. Alf fand die große Menschenmenge um die beiden herum nämlich ganz furchtbar und schrie sich die Seele aus dem Leib, als sie vorbeigingen. Ich sagte zu ihm: »Alf, dieser Mann wird irgendwann König von England, du musst dich benehmen!«

Bei Kindern war Alf immer sehr beliebt. Einige Grundschulen fragten an, ob wir sie besuchen würden. Und so fuhren wir zu einer nahe gelegenen Schule, auf deren Schulhof ich einiges über Alf erzählte. Sie waren alle begeistert und wollten ihn unbedingt streicheln.

Die Lehrerin fragte, ob sie Alf ihr Klassenzimmer zeigen dürften und ob sie ihn mit ihren Klassenmaskottchen, einem Plüsch-Krokodil, fotografieren dürften. Sie machen immer wieder Fotos von dem Krokodil und stellen sie auf ihre Website. In Südafrika gibt es eine Schule, die genau das gleiche Maskottchen hat und mit der sie Fotos und Geschichten austauschen. Jetzt wollten sie also ein eigenes Foto von Alf, damit sie ihren Freunden von ihm erzählen konnten. Natürlich willigte ich sofort ein, was sollte schon schiefgehen?

Ich ging also mit Alf den Korridor entlang zum Klassenzimmer, gefolgt von sämtlichen Kindern. Die Lehrerin holte voller Freude das Krokodil aus dem Schrank. Als sie damit auf Alf zuging, funkelten seine Augen. Ich wusste genau, was dieser Blick zu bedeuten hatte.

Schnell sagte ich zu der Lehrerin: »Halten sie das Plüschtier lieber nicht zu nah an sein Maul. Sie können es ja für das Foto einfach auf seinen Kopf legen oder so.« Aber sie legte es auf den Boden vor ihm. Alles Weitere sah ich dann nur noch in Zeitlupe. Alf beugte sich herunter, nahm das Krokodil zwischen die Zähne und schüttelte es heftig. Ich stand ein paar Schritte entfernt, aber jetzt sprang ich hin und wollte es ihm wegnehmen. Inzwischen war ein Bein schon ab und flog durch das ganze Klassenzimmer. Ich hörte, wie die Lehrerin nach Luft schnappte. Zwei Kinder brachen in Tränen aus. Es war schrecklich. Ich versuchte, den Kindern zu sagen, das Krokodil würde wieder gesund werden, aber einige waren den Tränen nahe.

Alf hielt das Plüschtier fest zwischen den Zähnen, als wäre er ein Hund, der einen Ball erobert hat. Nur mit Hilfe einer Möhre, die ich ihm anbot, konnte ich ihn dazu bewegen, es loszulassen.

Als ich das Krokodil aufhob, fiel ein Teil der Füllung auf den Boden. Das machte alles nur noch schlimmer. Ich gab es der Lehrerin zurück und bat vielmals um Entschuldigung, aber sie zögerte entsetzt, bevor sie mir das durchgekaute, beschädigte Krokodil abnahm. Dann hielt sie es an einem der verbliebenen Beine hoch, schaute mir in die Augen und sagte: »Die gibt es nicht mehr zu kaufen.«

Ich nahm das zum Anlass, mich schleunigst zu verabschieden und die Schule zu verlassen. Alf war bester Laune. Wie immer war ich es, die beschämt wegging, nicht er. So ist das eben.

Am nächsten Tag loggte ich mich auf der Website der

Schule ein, um zu sehen, ob das Krokodil einen guten Arzt gefunden hatte. Sie hatten die Füllung ergänzt und das Bein wieder angenäht. Ich bin mir aber nicht sicher, ob Mr Crocodile je wieder der Alte sein wird. Und ich vermute, man wird uns so bald nicht wieder zum Sommerfest der Schule einladen.

Freilich wollte ich auch nicht, dass dieses schreckliche Erlebnis andere Kinder daran hinderte, sich an Little Alf zu erfreuen. Also ließ ich mich auf einen zweiten Versuch ein, und zwar in einer anderen Schule in unserer Nähe. Es war geplant, dass wir in die Pausenhalle kamen, wo ich den Kindern von meinem Leben mit Alf erzählen konnte. Nur leider kamen wir gar nicht so weit.

Als wir nämlich den Korridor entlang in Richtung Halle gingen, begann die Schulglocke zu läuten und erschreckte Alf so sehr, dass er wegrannte und mich hinter sich herzog. Da ich Angst hatte zu fallen und mich zu verletzen, musste ich ihn loslassen.

Zum Glück war der Flur eine Art Sackgasse. Aber als ich Alf eingeholt hatte, wollte er mich nicht in seine Nähe lassen. Er lief immer wieder von einer Seite zur anderen, schnaubte und bockte, und die vielen Kinder, die ihm applaudierten und ihn anfeuerten, machten die Sache nun wirklich nicht besser. Irgendwann gelang es mir, ihn wieder unter Kontrolle zu bekommen, aber sämtliche Lehrerinnen und Lehrer standen da und sahen uns mit offenem Mund zu.

Daraufhin beschlossen wir, dass es sicherer sei, auf den Schulhof zu gehen. Aber dort gab es jede Menge Dinge, die Alf Spaß machten und ihn daran hinderten, brav neben mir zu stehen. Gleich als Erstes zog er mich zu einem schönen Blumenbeet, das die Kinder für ein Naturwissenschafts-Projekt bepflanzt hatten. Er pflückte ein paar Blumen, die ihm

166

besonders gut gefielen, und fing dann an, Blumentöpfe hochzuheben und fallen zu lassen.

Ich war noch damit beschäftigt, ihn wegzuziehen, als er das Gewächshaus entdeckte. Himmel! Da die Tür weit offen stand, zog er mich dorthin und fing an, Pflanzen anzuknabbern und das Gemüse zu fressen, das die Kinder dort angebaut hatten. Ich versuchte, seinen Kopf wegzuschieben, aber er war wild entschlossen.

Später hatten wir noch ein paar wirklich erfolgreiche Besuche in Schulen. Einmal waren wir in Newcastle, wo es so gut lief, dass wir ein paar Mal wieder eingeladen wurden. Wenn Alf gut drauf ist, macht es richtig Spaß mit ihm. Und aus irgendeinem Grund macht er mich gerade in Newcastle jedes Mal stolz. Dort führt er all seine Tricks vor und wirft den Kindern Luftküsse zu, was natürlich immer gut ankommt. Ich weiß nur eben nie, welchen Alf ich bekomme, wenn ich mit ihm irgendwohin fahre.

Kinder aller Altersgruppen schreiben mir, dass sie selbst gern Bücher schreiben möchten, nachdem sie das über Alf gelesen haben. Ich freue mich, dass er sie so sehr inspiriert. Sie malen auch tolle Bilder und schicken uns Geschichten, von denen ich einige sogar in seiner offiziellen Zeitschrift abdrucke. Die Mutter eines Mädchens schrieb mir in einer E-Mail, ihre Tochter habe die Zeitschrift mit in die Schule genommen, um allen ihr Foto zu zeigen, das darin abgedruckt war. Sie ist jetzt fest davon überzeugt, dass sie berühmt ist. Sehr niedlich.

Irgendwann wurden es so viele Anfragen wegen Fotos und Briefen, dass ich ein Postfach mieten musste. Das erwähnte ich einmal in einem Social-Media-Post, erwartete darauf aber keine Reaktion. Als ich dann das erste Mal das Postfach öffnete, kamen mir mehr als zweihundert Briefe entgegen. Es war unglaublich! Ich war sehr glücklich darüber. Es dauerte einen ganzen Tag, bis ich sie alle gelesen hatte, und dann noch ein paar Wochen, sie alle zu beantworten, aber ich reagierte auf jeden Brief, auf dem ein Absender angegeben war. Es waren so schöne Briefe! Die meisten schrieben, wie gern sie Alf und unser Buch haben. Viele kamen von kleinen Kindern. Die Eltern schrieben dazu, dass ihre Kinder mir und Alf sehr gern in den sozialen Medien folgen würden.

Ich bekomme auch künstlerische Fanpost von Universitätsstudenten, die mich immer wieder in Erstaunen versetzt. Nach wie vor möchte ich allen antworten, weil ich es so schön finde, dass sich die Leute die Zeit nehmen, mit mir in Kontakt zu treten. Aber wenn es noch mehr wird und ich nicht mehr genug Zeit habe, brauche ich vielleicht jemanden, der mir hilft.

Ihr denkt jetzt wahrscheinlich, dass ich Alf überhaupt nicht unter Kontrolle habe. Und ehrlich gesagt, ihr habt recht. Alf macht, was er will, ob es mir gefällt oder nicht. Es ist schon komisch: Ich kann ihm beibringen, Fußball zu spielen und für Fotos zu posieren, aber nicht, sich gut zu benehmen, wenn es nötig ist. Und es ist auch sehr seltsam, dass er Worte wie »Kuss« und »Möhre« versteht, aber einfach nicht begreift, was »Nein« bedeutet.

Ich versuche, streng zu ihm zu sein. Wirklich! Am Anfang waren mir seine Streiche immer sehr peinlich, aber inzwischen habe ich mich daran gewöhnt. Er ist, wie er ist; ich kann seine Persönlichkeit nicht ändern. Viele Leute reden darüber, wie unartig er ist, aber ich finde, das macht ihn aus. Und er ist wunderbar.

Wenn ich heute zurückblicke, finde ich die Art, wie ich mein erstes Buch herausbrachte, reichlich verrückt, weil mir nicht wirklich klar war, was ich da tat. Inzwischen war ich bereit für die nächste Runde, aber ich hatte gleichzeitig das Gefühl, ich müsste erst noch das eine oder andere lernen.

Also nahm ich Kontakt zu einigen Autorinnen auf, die ich selbst gern lese, und bat sie, mir ein paar Informationen zu geben. Auf Cathy Cassidys Rat hin kaufte ich mir das *Writers' and Artists' Yearbook.* Und Linda Chapman gab mir einige Tipps und nannte mir noch weitere Self-Publisher- und Autorenseiten, auf denen ich mich anmelden konnte. Nach dieser Recherche fühlte ich mich wesentlich schlauer. Und so begann ich nach Weihnachten 2014 mit der Arbeit an meinem zweiten Buch. Das Wichtigste, was ich gelernt hatte, war, dass das zweite Buch länger sein musste als das erste. Und ich musste es richtig gut korrekturlesen lassen, bevor ich es in den Druck gab.

Ich wusste, dass es auch diesmal eine gewisse Magie enthalten sollte. Nach vielen Entwürfen, die ich mit der Hand schrieb, bekam ich langsam eine Vorstellung, wohin die Reise gehen sollte. Ich schrieb am Anfang alles mit der Hand, weil es sich dann realer anfühlte. Erst später tippte ich den Text ab und las ihn dann tausend Mal durch, änderte hier und da noch Kleinigkeiten und so weiter. Inzwischen bin ich mutiger geworden und schreibe direkt in den Computer.

Doch als ich das erste Exemplar von *The Magical Adventures of Little Alf: The Enchanted Forest* (Die zauberhaften Abenteuer von Little Alf: Der Zauberwald) in der Hand hielt, gefiel es mir nicht so richtig. Ich bin eine Perfektionistin, und auch diesmal war ich nicht zufrieden mit dem Umschlag. Bei dem zweiten Exemplar gefielen mir einige Formulierungen nicht. Und so musste ich wieder mehrere Versionen durcharbeiten, bis ich so zufrieden war, dass ich damit an die Öffentlichkeit gehen mochte.

Das geschah am Tag der offenen Stalltür in einem Ort namens Middleham, und zwar im April 2015. Dort gab es sehr viele schöne Rennpferde, und Alf stand mitten unter ihnen, schrie aus vollem Halse und machte sie alle ganz nervös. Zu meinem großen Erstaunen standen trotzdem viele Leute Schlange, um ihn kennenzulernen und das Buch zu kaufen. Es ließ sich gut an.

Nachdem ich in meinem Blog und in den sozialen Medien von dem neuen Buch erzählt hatte, kamen die ersten Interview-Anfragen. Und Leute, die das erste Buch gekauft hatten, wollten gern auch das zweite haben; es lief also richtig gut. Natürlich war ich nicht über Nacht zur Verlagsexpertin geworden, aber ich bewegte mich doch sicherer als beim ersten Mal.

Ich nahm auch wieder an einer Reihe von Veranstaltungen teil, wählte diesmal aber gezielter aus und nahm Alf nur gelegentlich mit, wenn ich damit rechnete, dass er seinen Spaß haben und sich gut benehmen würde.

Schon dachte ich über ein drittes Buch nach, aber das erste und das zweite waren relativ schnell hintereinander herausgekommen, und ich wollte die Leute nicht mit Alf-Büchern zuschmeißen. Also beschloss ich, etwa ein halbes Jahr zu warten. Ich wollte mir Zeit lassen und in meinem eigenen Rhythmus arbeiten. Vor allem aber wollte ich die ersten beiden Bücher so gut wie möglich vermarkten.

Auch was die Merchandising-Sachen anging, hatte ich das Gefühl, ein bisschen verrückt geworden zu sein und alles zu hastig zu machen. Es war an der Zeit, einen Schritt zurückzutreten, damit ich mich nicht zu sehr von meiner Begeisterung für das Little-Alf-Imperium mitreißen ließ.

Außerdem gab es immer noch Momente, in denen ich dachte: *Was mache ich auf lange Sicht? Wovon soll ich leben? Und*

was ist, wenn die Leute meine Bücher nicht mehr kaufen? Ich
dachte daran, etwas vollkommen anderes zu studieren oder
mir eine Stelle im Büro zu suchen, die mir ein regelmäßi-
ges Einkommen sicherte. Natürlich hätte mir das überhaupt
nicht gefallen, aber musste ich nicht endlich zur Vernunft
kommen?

Am Ende halfen mir meine Eltern. Sie sagten nämlich:
»Mach einfach so weiter, wie es richtig für dich ist, dann
kommst du schon ans Ziel.« Sie stärkten mein Selbstvertrau-
en, sodass ich tatsächlich weitermachte. Und ich bin froh darüber. Vom ersten Tag an haben sie mir den Rücken gestärkt
und nie gesagt, ich solle mir endlich eine »richtige« Arbeit
suchen. Auch jetzt unterstützen sie mich immer, wenn es
schwierig wird, und helfen mir weiterzumachen.

Das dritte Buch sollte ein Weihnachtsbuch werden und
eben auch vor Weihnachten erscheinen. Ich liebe Weihnachten, und schließlich kam Alf ja auch Weihnachten zu mir –
das schönste Geschenk aller Zeiten.

Little Alf, the Magic Helper (Little Alf, der magische Helfer)
erschien im Oktober 2015. Inzwischen hatte ich meine Fahr-
prüfung bestanden und konnte ohne die Hilfe meiner Eltern
durch die Gegend fahren. Das erleichterte vieles. Um diese
Zeit gab es zahlreiche Weihnachtsausstellungen, auf die wir
hätten gehen können, aber ich wollte Alf nicht zu sehr stra-
pazieren und nahm eher an kleineren Veranstaltungen teil.
Unter anderem gab es eine Signierstunde in unserem Café
vor Ort. Es ist schon schön, ab und zu auf großen Veranstaltungen vor vielen Leuten zu sprechen. Und die Leute wollen
Alf ja gern kennenlernen und überschütten ihn förmlich mit
Aufmerksamkeit. Aber man darf es nicht übertreiben.

Um diese Zeit kam Alf in den Zahnwechsel, was recht
schmerzhaft sein kann. Er brauchte also unbedingt mehr

Ruhe. Pferde, Ponys und eben auch Shetland-Ponys verlieren irgendwann ihre Milchzähne und bekommen ihre bleibenden Zähne, genau wie Menschen. Der Zahnwechsel beginnt im Alter von ungefähr zwei Jahren. Eigentlich sollten die Zähne sich abnutzen und von selbst rausfallen, aber bei Alf, der ja einen schiefen Kiefer hat, geht das nicht so einfach. Es wird lange dauern, bis seine vierundzwanzig Milchzähne draußen sind. Ich schätze, er wird wohl sieben Jahre alt sein, wenn der gesamte Zahnwechsel durch ist.

Im Alter von fünf Jahren sollten Pferde normalerweise ihre sechsunddreißig bis vierundvierzig bleibenden Zähne haben. Bei Alf werden es wohl nicht so viele sein, sein Maul ist ja sehr klein.

Pferde brauchen keine Zahnbürste, weil ihr Speichel die Zähne von Natur aus sauber hält. Und darüber bin ich froh, denn Alf würde aus dem Zähneputzen sicher ein Riesendrama machen.

Für ihn und mich war der Beginn des Zahnwechsels eine anstrengende Zeit. Am Anfang wollte er auf allem herumkauen. Das ist jetzt, nachdem einige bleibende Zähne da sind, etwas besser geworden. Außerdem war er ziemlich mürrisch, als ihm die ersten Zähne ausfielen und die neuen durchbrachen. Wenn ihm etwas wehtut, lässt er mich das deutlich spüren.

Ein paar Mal war der Tierarzt da, um sich die Zähne anzusehen, weil sich am Zahnfleisch und am Gaumen Blasen entwickelt hatten. Da war dann eine Spezialbehandlung nötig. Der Tierarzt sagte, man könnte die wunden Stellen deutlich sehen, und es sei ein Wunder, dass Alf nicht mehr Theater mache. Außerdem mussten bei Alf wie bei allen Pferden die Zähne abgefeilt werden, und das gefiel ihm gar nicht. Einmal im Jahr kommt der Tierarzt, schaut sich bei allen Pferden die Zähne an und feilt die Kauflächen ab, sodass sie wieder schön glatt sind. Alle anderen Pferde nehmen das gelassen hin, nur Alf braucht immer ein Beruhigungsmittel, damit er nicht ausrastet. Hinterher ignoriert er mich eine Zeit lang, weil er sauer auf mich ist.

Das Schlimmste am Zahnen und den damit verbundenen Problemen war die Tatsache, dass es keine Möhren für ihn gab. Sie waren zu hart zum Kauen; er durfte nur weiches Futter haben. Viele Leute heben die Milchzähne ihrer Pferde auf, aber bei Alf habe ich keinen gefunden, sie waren einfach zu klein. Abgesehen davon, dass ich auch gar nicht wüsste, was ich damit tun sollte.

Wenn Alf mal wieder Probleme mit den Zähnen hat, schnappt er sich sein liebstes Kauspielzeug – meine Gummistiefel. Sie sind so schön weich und zäh. Er kaut immer am oberen Rand herum. Ich habe mir vor einiger Zeit neue Reitstiefel gekauft, die mehr als hundert Pfund gekostet haben. Jetzt sind oben am Rand überall Zahnspuren zu sehen, leider so ungleichmäßig, dass ich nicht behaupten kann, es sei ein besonders cooles Muster. Nachdem ich immer wieder Zahnspuren von Alfie fand, habe ich ihm Beißringe für Babys und Kauspielzeug für Hunde besorgt. Damit ist er auch ganz zufrieden.

Ich glaube, er ist sehr stolz auf seine ersten bleibenden Zähne. Wenn ich zu ihm sage: »Zeig mir deine Zähne«, dann zieht er die Oberlippe hoch und gönnt mir einen Blick darauf. Seine Backenzähne sind noch nicht da, aber das tut wohl auch nicht so weh. Ich hoffe es jedenfalls, sein Pubertätsgehabe nervt nämlich ganz schön.

Alf spürt immer im Voraus, wenn der Tierarzt kommt. Er weiß es einfach, zum Teil durch seinen sechsten Sinn, zum Teil, weil er ihn an der Stimme erkennt. Und dann fängt er an zu wiehern. Er weiß, jetzt passiert gleich etwas, und es besteht eine gute Chance, dass es nicht sehr angenehm ist. Es ist auch immer noch derselbe Tierarzt, der Alf kastriert hat; vermutlich verbindet er diese negative Erfahrung mit ihm. Dabei ist unser Tierarzt immer sehr nett zu Alf. Er hat zwei kleine Kinder und kauft alle Alf-Bücher für sie. Auch seine Frau mag Alf sehr. Ich treffe sie oft auf Veranstaltungen, und sie freut sich immer, Alf zu sehen.

Unser Tierarzt weiß genau, wie viel mir Alf bedeutet. Auch deshalb sorgt er wirklich gut für ihn. Der Umgang mit Alf ist schwieriger, weil er so klein ist; man braucht bei ihm viel Geduld und gute Nerven. Außerdem versteht unser Tierarzt meine Gefühle. Er weiß, wie sehr ich an all meinen Tieren hänge, und verurteilt mich nicht, wenn ich weine, weil eins meiner Kaninchen sich an der Pfote verletzt hat.

Alfie wird regelmäßig untersucht. Der Tierarzt sagt, er sei völlig gesund, und das ist ja das Wichtigste. Man merkt es aber auch an seinen Streichen und der Art, wie er über die Weide springt. Jedes Jahr bekommt er seine Grippeimpfung. Beim letzten Mal war das eine richtige Katastrophe. Für Alf ist diese Impfung besonders wichtig, weil sein Immunsystem durch die Kleinwüchsigkeit nicht voll entwickelt ist. Aber er hasst – wie so ziemlich jeder – Spritzen und tut alles, um ihnen zu entgehen. Beim letzten Mal hatten wir uns einen Plan zurechtgelegt. Der Tierarzt sagte zu mir: »Ich verstecke mich beim Haus, bis du ihn im Stall hast. Ich weiß ja, wie er sich anstellt.« Ich ging also auf Alfs Weide, legte ihm das Halfter an – und er wusste Bescheid. Im nächsten Moment stemmte er sich in den Boden, und das war's. Ich musste ihm eine Spur aus Möhren hinlegen, damit er sich überhaupt von der Stelle bewegte. So ging es bis zur Stalltür. Da stand dann auch schon der Tierarzt mit der Spritze bereit. Wir hofften, die Sache erledigen zu können, bevor er begriff, was los war. Aber wir hatten Alf unterschätzt. Als der Tierarzt ihm die Spritze in den Hintern stechen wollte, fuhr Alf herum und versuchte ihn zu treten.

Wir mussten also zu Plan B greifen. Alf kam in den Stall, und wir drängten ihn in eine Ecke, wo er nicht wegkonnte. Dann kam der Tierarzt vorsichtig näher und versuchte, ihm die Spritze zu geben. Aber Alf sprang nach vorn und schubste ihn um, sodass der arme Tierarzt auf den Rücken fiel. Blöderweise hatte ich an diesem Tag noch nicht ausgemistet. So hatte der arme Mann auch noch jede Menge Pferdeäpfel an den Händen.

Erst beim dritten Versuch gelang es ihm, Alf die Impfung zu verabreichen. Er ist ein robuster Mann, der jeden Tag mit großen Pferden zu tun hat, aber 70 Zentimeter reine Wut reichten, um ihn zu Boden gehen zu lassen.

Mittlerweile habe ich erfahren, dass der Tierarzt und der Hufschmied einen besonderen Kosenamen für Alf haben: das kleine Monster. Wenn man bedenkt, wie er mit den beiden umgeht, muss man sich darüber nicht wundern. Der Hufschmied hat sich vor einer Weile verplappert, als er hier war, um allen Pferden die Hufe zu machen. Nachdem Badger, Paddy und Pepper fertig waren, sagte er: »So, und dann noch das kleine Monster, bringen wir es hinter uns.« Ich fragte: »Wen meinen Sie denn?«, und er antwortete: »So nennen wir Alf, weil er so hinterhältig ist. Wusstest du das nicht?« Nein, das wusste ich bis dahin nicht!

Meine Spitznamen für Alf sind »Minion«, weil er so klein ist, und Squishy, Pudding, Little Pea und Little Sprout, wenn er nett ist. All das klingt freundlicher als »das kleine Monster«, obwohl ich nicht leugnen kann, dass er den Namen manchmal durchaus verdient.

Nach der Spritze war Alf den ganzen restlichen Nachmittag kreuzunglücklich. Wenn ich zu ihm auf die Weide kam, hörte er auf zu fressen, legte seinen Kopf auf mein Bein und sah aus, als täte er sich selbst unheimlich leid. Doch sobald ich wegging, fraß er fröhlich weiter. Als ich ihn am Abend in den Stall brachte, war er immer noch sauer und hielt seinen Kopf so, dass ich ihm keinen Kuss geben konnte. Er muss eben immer das letzte Wort behalten.

Erst spät abends um zehn Uhr, als ich noch einmal nach ihm sah, hatte er mir verziehen. Aber wohl nur, weil ich ihm ein paar von den Marshmallows abgab, die oben auf meinem Kakao schwammen. Daran hat er sich in letzter Zeit gewöhnt: Ich komme zu ihm in den Stall, und er klaut mir ein paar Marshmallows. Dann ist Zeit zum Schlafen.

Die vielen Tiere kosten eine Stange Geld. Wir gehören sicher zu den Lieblingskunden unseres Tierarztes. Aber an anderen Stellen können wir sparen, zum Beispiel, wenn wir von allen Futtersorten immer Großpackungen kaufen. Andere Mädchen in meinem Alter geben ihr Geld für Klamotten und Make-up aus. Meins geht eben für Spielzeug und Leckerchen für die Tiere drauf. Ich kaufe sehr gern Sachen für sie ein. Das tut mir nie leid. Im Grunde gebe ich mein Geld viel lieber für die Tiere aus als für mich selbst.

KAPITEL 9

Im Galopp zum Erfolg

Irgendwie bin ich in den vergangenen drei Jahren von einer College-Abbrecherin zur Geschäftsfrau geworden. Oder wenn ihr so wollt, zur Unternehmensgründerin. Es fühlt sich verrückt an, das so hinzuschreiben, weil ich mich nie in dieser Rolle gesehen und eine solche Karriere auch nie geplant habe.

Derzeit habe ich vier Firmen: Zum einen Little Alf, die, wie man sich denken kann, sich mit allem befasst, was mit Alf zu tun hat. Dann Hannah Russell Events, eine Eventagentur, wie der Name verrät. Die dritte ist Russell Rhino, eine T-Shirt-Firma samt Website, bei der es um die Rettung der bedrohten Nashörner geht. Und schließlich Believe It Yorkshire, ein Unternehmen, über das ich gemeinsam mit meiner Freundin Dawn motivierende Workshops anbiete.

Erst letztes Jahr, als alles durcheinanderging, hielt ich inne und dachte mir: Wie ist es eigentlich so weit gekommen? Muss ich demnächst Hosenanzüge tragen und mir eine Knotenfrisur zulegen, um so richtig geschäftsmäßig auszusehen?

Vermutlich war ich schon immer ehrgeizig, sonst hätte ich das erste Buch nicht geschrieben – und erst recht nicht das zweite, dritte und vierte. Wie schon gesagt, ich hatte seit jeher eine Leidenschaft fürs Schreiben, aber ich war mir nicht sicher, ob meine Grammatik und Rechtschreibung gut genug sind. Ich habe so viele Schriftstellerinnen und Schriftsteller bewundert und davon geträumt, so zu sein wie J.K. Rowling. Aber eine Schriftstellerkarriere gelingt doch immer nur anderen Leuten.

Die Eventagentur kam ins Spiel, weil ich einen Notfallplan haben wollte, falls sich die Bücher nicht mehr so gut verkauften. Ich wünschte mir ein zweites Standbein, und eine solche Agentur hatte ich schon seit Jahren im Sinn. Außerdem besuchte ich mit Alf so viele Veranstaltungen, dass mir irgendwann klar wurde: Das meiste Geld verdienen die Organisatoren. Bei größeren Veranstaltungen waren hundert und mehr Stände dort, und jeder brachte den Organisatoren Geld ein.

Bei einigen lokalen Events wurde Alf sogar dazu eingesetzt, mehr Publikum anzulocken, was auch gut funktionierte, weil Alf sehr viele Fans hatte. Das sah ich irgendwann nicht mehr ein. Statt irgendwohin zu gehen und etwas zu bezahlen, damit andere Leute Geld verdienten, wollte ich Geld dafür bekommen, dass wir dort auftauchten. Ich sammelte meine Erfahrungen im Eventgeschäft und fing an zu planen, wie ich zu meinen eigenen Bedingungen arbeiten könnte.

Zunächst einmal belegte ich drei Online-Kurse: einen über Eventmanagement, einen über internationales Eventmanagement und einen Spezialkurs für Hochzeiten. Das Ganze wurde mit einer dreistündigen Prüfung abgeschlossen, und als ich die bestanden hatte, war ich so glücklich, dass ich sofort meine Firma »Hannah Russell Events« gründete.

Ich bekam auch sofort die ersten Aufträge, und weil ich ohnehin mit meinen Büchern zu so vielen Veranstaltungen ging, fügte sich alles gut zusammen. Ich organisierte Events, bei denen ich außerdem meine Signierstunden abhalten konnte. Nur dass ich jetzt nicht mehr dafür bezahlte, daran teilzunehmen, sondern Geld verdiente, indem ich die gesamte Veranstaltung auf die Beine stellte.

Die erste war eine Mode- und Geschenke-Ausstellung in der Stadthalle von Bedale, nicht weit von uns. Weil ich nicht wusste, wie viele Leute kommen würden, war ich derart nervös, dass ich in der Nacht davor kein Auge zutat. Am Ende war die Ausstellung ein großer Erfolg mit mehr als tausend Besuchern.

Mit der Zeit wurden die Events, die ich organisierte, immer größer. Im Sommer 2017 habe ich ein Buchfestival mit zahlreichen Autoren aus Yorkshire auf die Beine gestellt, darunter Amanda Owen mit *Die Schäferin von Yorkshire*. Und dann waren da noch das Dales Food and Drink Festival, ein Vierzigerjahre-Wochenende und eine Weihnachtsausstellung. Ich habe Veranstaltungen für bis zu sechstausend Teilnehmer organisiert, und inzwischen muss ich Arbeit delegieren, weil ich es allein nicht mehr schaffe. Es ist ein komisches Gefühl, dass Leute für mich arbeiten, zumal viele von ihnen älter sind als ich. Ich bin ja erst zwanzig und lerne gerade erst, wie das Geschäft funktioniert.

Wegen all dieser Unternehmen habe ich inzwischen acht verschiedene Websites. Eine Frau namens Katherine kümmert sich darum und hilft mir auch bei meinen Social-Media-Auftritten und beim Marketing. Für mich war es ein großer Schritt, diesen Bereich abzugeben, weil ich eigentlich alles gern selbst mache, aber sie macht das ganz hervorragend. Nach wie vor fühlt es sich komisch an, die Dinge nicht mehr voll unter Kontrolle zu haben, aber zu Katherines Firma »Reflection Media« habe ich volles Vertrauen. Es fühlt sich gut an, dass ein bisschen Druck rausgenommen wurde. Und ich habe ja immer noch das letzte Wort.

Ich bin das jüngste Mitglied eines Komitees für große Veranstaltungen in Leyburn. Die Leute dort arbeiten schon seit Jahren zusammen und haben mich trotzdem ins Leitungsgremium gewählt, was eigentlich beängstigend ist. Da ich einen Kurs absolviert und schon relativ viel Erfahrung habe, bot ich an, einen Arbeitsplan für alle zu erstellen. Weil das System gut funktionierte, sind wir dabei geblieben, und sie haben mich gebeten, diesen Arbeitsbereich zu übernehmen.

Nach wie vor fühle ich mich komisch, wenn ich anderen Leuten Anweisungen gebe. Aber ich muss sehr selbstbewusst auftreten, wenn ich ernst genommen werden will. Schließlich hat Kompetenz ja nichts mit dem Alter zu tun, oder? Ich habe viel mehr Erfahrung als manche Leute, die doppelt so alt sind wie ich und gerade erst anfangen.

Wenn ich ein Projekt anpacke, will ich es so gut wie möglich machen. Letztes Jahr hatte ich mit einer Firma zu tun, die sich nicht vorstellen konnte, dass eine so junge Frau die Kontrolle übernimmt. Wir haben uns dann darauf geeinigt, dass wir probehalber zusammenarbeiten. Am Ende gaben sie zu, dass sie mit mir zum ersten Mal bei dieser Veranstaltung Gewinn gemacht hatten. Das sagt doch wohl alles. Seitdem lassen sie mich einfach machen, weil sie begriffen haben, dass ich etwas von der Sache verstehe.

Dann kam die Anfrage von einem anderen Komitee, eventuell etwas mit Alf zu machen. Ich saß da und hörte mir siebenundzwanzig andere Tagesordnungspunkte an. Dann kamen wir endlich auf Alf zu sprechen.

Ich erzählte kurz von ihm, und eine der Frauen sah sich ein Foto von ihm an und sagte: »Was soll das denn sein? Das ist doch kein Pferd!« Einige Leute lachten. Angesichts solcher Vorurteile wäre ich am liebsten aufgestanden und gegangen. Wenn ich älter wäre, würde es niemand wagen, mich so zu behandeln. Es kommt immer noch vor, dass sie auf mich herabschauen, weil ich noch so jung bin, aber inzwischen kümmert mich das nicht mehr.

Ich muss aber zugeben, dass es mir nicht leichtfällt, Leute zu vergessen, die am Anfang meines Weges gemein zu mir waren. Vor allem, wenn sie irgendwann ankommen und mich um Hilfe bitten. Jetzt, wo meine Firmen richtig gut laufen, laden mich genau diese Leute zu Veranstaltungen ein oder schicken mir Mails, in denen sie mich um Rat fragen. Dann denke ich manchmal, he, du warst schon mal weniger freundlich. Und ich ärgere mich, dass sie nicht an mich geglaubt haben und mich erst jetzt respektieren, wo ich es allen gezeigt habe. Aber auf die guten Dinge muss man warten können, sagt meine Großmutter immer.

Auch die Tatsache, dass ich »nett« rüberkomme, verleitet manche Leute zu der Annahme, man könne mich herumschubsen. Und das ist definitiv nicht der Fall. Man sollte niemals Freundlichkeit mit Schwäche verwechseln. Schließlich kann man ein guter Mensch und trotzdem stark und kompetent sein. Man muss kein kraftstrotzender Mann mittleren Alters sein, um etwas zustande zu bringen. Ich habe schon immer gewusst, dass ich mich nicht aufspielen oder herumschreien muss. Meine Kompetenz zeigt sich in dem, was ich tue.

Aber es ist schon so: Manche Leute meinen, sie könnten mich einschüchtern oder über den Tisch ziehen. Sie sehen eine junge Frau und halten mich für leichte Beute. Einmal habe ich mit einer Modefirma verhandelt, die für mich Alf-Sachen produzieren sollte. Sie verlangte einen absurden Preis, doch ich wusste, dass ein Viertel der angegebenen Summe angemessen wäre. Nachdem sie versucht haben, mich übers Ohr zu hauen, werde ich sicher nie mehr mit ihnen zusammenarbeiten. Und da mein Merchandising-Angebot ständig wächst, ist das ihr eigener Schaden.

Natürlich habe ich eine ganze Reihe von geschäftlichen

Fehlern begangen; aber ich habe daraus gelernt. Es ist hart, wenn Dinge nicht richtig funktionieren, aber ich bin dankbar für alles, was ich dabei gelernt habe. Im Moment läuft es in allen Bereichen richtig gut, auch wenn ich es letztlich nur durch Versuch und Irrtum gelernt habe. Und es gab ziemlich viele Irrtümer; ich habe ganz schön viel Lehrgeld gezahlt.

Beispielsweise habe ich im Jahr 2015, kurz vor Erscheinen des zweiten Buchs, mit Alf-Kleidung angefangen. Ich hatte keine Ahnung von Mode und investierte deshalb viel zu viel in Sachen für Erwachsene. Dabei waren es doch die Kinder, die meine Bücher kauften. Aber ich war erst siebzehn und hatte kaum eine Vorstellung von diesem Geschäft. Heute kenne ich meine Zielgruppen. Ich sehe, wer die Kommentare zu meinem Blog und zu meinen Fotos schreibt, und konzentriere mich auf diese Leute.

Als die Ware kam, war mir schon klar, dass ich einen Fehler begangen hatte, und ich geriet ein bisschen in Panik. Da hatte ich nun also viel Geld in diese Sache gesteckt und lief Gefahr, auf einer Riesenladung unverkaufter Damen-Kapuzenpullover sitzen zu bleiben. Die Kindersachen verkauften sich bestens, aber es dauerte eine Ewigkeit, bis ich auch die Erwachsenensachen los war.

Außerdem hatte ich am Anfang zwei Alf-Logos statt einem, was die Leute natürlich verwirrte. Das erste Logo hatte ich in der Schule gezeichnet, da kannte ich Alf noch gar nicht. Es war reiner Zufall, dass ich in meinem Textil-Kurs eine Serie mit Pferdethemen entwarf. Darunter war auch das Mini-Shetland-Logo, das ich bis heute benutze. Ich habe damals sogar Musterschutz angemeldet. Keine Ahnung, ob es eine Art sechster Sinn war, der mir sagte, dass ich es irgendwann noch brauchen würde.

Geschäftsleute und UnternehmerInnen haben mich schon

als Kind fasziniert. Ich habe *Dragon's Den* (eine ähnliche Sendung wie die *Die Höhle der Löwen*) geliebt und immer Businessratgeber gelesen. Erst als ich vom College abging, wurde mir klar, dass das mehr ist als ein bloßes Interesse. Bis dahin wusste ich nur, dass ich Pferde liebte, aber ich konnte mir nicht vorstellen, wie ich daraus ein erfolgreiches Geschäft machen sollte.

Meine Schule legte ihren Schwerpunkt eher auf den Bereich Landwirtschaft, sodass ich dort wenig Anregungen bekam. Wir wurden ermutigt, den traditionellen Weg einzuschlagen und etwas Praktisches anzufangen, etwa als Landwirt, Tierarzt oder in der Krankenpflege. Niemand sagte zu uns: »Los, entwirf doch mal deine eigene Modekollektion oder schreib ein Buch!« Es lag also ganz an uns herauszufinden, was uns Spaß machen würde, wenn wir nicht den ausgetretenen Pfaden folgen wollten.

Das meiste, was ich heute weiß, habe ich aus Büchern, Blogs und Internetforen gelernt. Hinsichtlich meiner Veröffentlichungen war Joanna Penn für mich sehr wichtig. Sie leitet einen Self-Publisher-Verlag namens Creative Penn und hat diese Firma ganz allein aufgebaut. Inzwischen hat sie sogar eine Filiale in Amerika. Und sie ist neuen Autoren gegenüber sehr hilfsbereit und macht jedem Mut.

Viele andere Unternehmerinnen und Unternehmer haben mich ebenfalls inspiriert. Ich war nie auf einen luxuriösen Lebensstil mit angeberischen Häusern und Sportwagen aus. So etwas treibt mich nicht an. Viel wichtiger war mir immer das Thema Arbeitsethik und die Frage, wie diese Leute dahin gekommen sind, wo sie sich heute befinden. Gerade diejenigen, die sich von ganz unten hochgearbeitet haben, faszinieren mich. Sie haben keine reiche Familie und keine tollen Zeugnisse, aber sie haben Ehrgeiz und den Willen, hart zu arbeiten. Und heute leiten sie richtig große Firmen.

Cathy Cassidy ist eine junge Schriftstellerin, die Bücher für Erwachsene schreibt – sehr viele sehr erfolgreiche Bücher. Ihr bester Ratschlag lautet: »Tu so, als hättest du schon etwas erreicht, bis du es erreicht hast.« Am Anfang habe ich den Sinn dieses Satzes nicht begriffen und ihn für einen seltsamen Spruch gehalten, aber inzwischen weiß ich, dass sie vollkommen recht hat. Man muss einfach anfangen und sich selbst sagen, dass es gut laufen wird. Man muss an alles glauben, was man tut. Dann stellt sich der Erfolg irgendwann ein.

Wenn ich heute jemandem einen Rat geben sollte, wie man ein Unternehmen gründet, würde ich wohl sagen: »Nimm dir nichts allzu sehr zu Herzen und glaub an dich.« Wenn du nicht an dich und dein Produkt glaubst, funktioniert es nicht. Als ich mein erstes Buch schrieb, habe ich nicht geglaubt, dass es irgendjemand kaufen würde. Ich dachte, es sei nicht gut genug. Und deshalb habe ich am Anfang auch nicht so viel Energie in die Vermarktung gesteckt, wie es nötig gewesen wäre. Ein halbes Jahr lang musste ich mir jeden einzelnen Tag sagen, dass ich an das glaube, was ich tue. Erst dann tat ich es wirklich. Heute glaube ich felsenfest an all meine Firmen.

Als ich mit der Eventagentur anfing, hatte ich gerade erst meine Ausbildung beendet, und trotzdem kamen von allen Seiten Aufträge herein. Ich war ein bisschen nervös, weil alles noch so neu für mich war. Aber auch da sagte ich mir jeden Tag wieder, dass ich es schaffen konnte. Und bald war meine Angst verschwunden. In diesem Jahr werde ich acht große Veranstaltungen auf die Beine stellen, und bei jeder einzelnen bin ich voller Zuversicht.

Je selbstbewusster man ist, desto weniger Angst hat man, um das zu bitten, was man braucht. Und in der Folge fühlt man sich noch stärker.

Es heißt, es würde drei Jahre dauern, ein Geschäft aufzubauen. Und tatsächlich habe ich mich vor drei Jahren in dieses Abenteuer gestürzt. Ich erlebe Leute, die nach sechs Monaten aufgeben, weil es nicht so schnell aufwärtsgeht, wie sie das gern hätten. Aber man muss sich wirklich Zeit lassen. Man muss auch mal etwas aussitzen, wenn es nicht so läuft wie gewünscht. Irgendwann kommt es schon, man muss nur Vertrauen haben.

Jeder, der ein eigenes Geschäft hat, weiß, dass man doppelt so viel arbeiten muss wie in einem Angestelltenverhältnis. Ganz einfach, weil man für alles selbst die Verantwortung trägt. Ich arbeite sehr viel und sitze oft noch gegen Mitternacht da, um ein paar Mails zu beantworten oder Pläne auszuarbeiten. Aber das ist es mir wert. Und es gleicht sich ja irgendwann aus. Wenn ich abends länger arbeite, habe ich eine gute Entschuldigung, morgens oder tagsüber mehr mit Alf zusammen zu sein.

Believe It Yorkshire ist eine große Leidenschaft von mir. Meine Geschäftspartnerin Dawn und ich führen Workshops durch, in denen es darum geht, an sich selbst zu glauben und erfolgreich zu sein. Wir haben einige Vortragsredner, die sich auf Motivation spezialisiert haben und für uns arbeiten. Manche dieser Workshops haben schon das Leben von Teilnehmern verändert. Zu uns kommen Mütter, die gern wieder berufstätig sein möchten, sich aber auch um ihre Kinder kümmern wollen. Oder Leute, die in einer Tätigkeit feststecken, die sie eigentlich hassen. Viele gründen danach ein eigenes Unternehmen und folgen ihrer eigenen Leidenschaft. Es ist wunderbar, das mitzuerleben.

Der Betreiber eines Hofladens bei uns in der Nähe kam zu einem unserer Workshops, um neue Ideen für sein Geschäft zu bekommen. Danach fing er mit Themenabenden an, etwa mit Spielen und Steak-Abenden. Sein Gewinn ist seitdem enorm gestiegen.

Einmal habe ich vor mehr als sechzig Rotariern gesprochen, die danach alle zu mir kamen, sich bedankten und sagten, sie hätten wirklich viel gelernt. Einer von ihnen sagte: »Ich muss zugeben, als ich Sie sah, dachte ich erst: *Was um alles in der Welt will dieses Mädchen mir noch beibringen?* Aber Sie haben einige sehr interessante Punkte angesprochen und Dinge gesagt, an die ich noch nie gedacht habe.«

Ich bin auch eingeladen worden, in einigen Ortsbüchereien Workshops für Kinder und Jugendliche zu halten. Das North Yorkshire County Council hat mich angeschrieben und mir mitgeteilt, das Generalthema für 2017 in den Büchereien sei »Tiere als Handlungsträger«. Deshalb würden sie Autoren zu Vorträgen einladen, die Bücher über Tiere geschrieben haben. Sie fragten mich, ob ich mitmachen würde, und am Ende hatte ich in zwölf verschiedenen Büchereien Auftritte. Das war wirklich schön.

Eines meiner Lieblingsprojekte war die Zusammenarbeit mit der Kinderzeitschrift *Primary Times*. Die Kinder durften einen Pullover für die Alf-Plüschtiere entwerfen. Das Projekt war speziell für solche Kinder gedacht, die Probleme mit dem Schulbeginn hatten und sich nur schwer von ihrer Mutter trennen konnten. Ich war selbst so ein Kind und fand es schön, ihnen zu sagen: »Wenn du traurig bist, nimm deinen Alf mit in die Schule.« Wir bekamen fünfhundert Einsendungen, von denen die besten zwanzig als limitierte Auflage produziert wurden. Das war sehr, sehr niedlich.

Ich mache kein großes Theater, sondern gebe ganz einfache Ratschläge, die ja oft am wirksamsten sind. So kam zum Beispiel nach einem Vortrag in einer Schule ein Mädchen auf mich zu und erzählte mir, sie wolle so gern ein Buch schreiben, habe aber eine Lese-Rechtschreib-Schwäche. Sie glaubte nicht, dass sie es schaffen könne. Ich erzählte ihr von mir und sagte ihr, sie könne alles tun, was sie wolle. Inzwischen hat sie ein Buch geschrieben und in ihrer Schule veröffentlicht. Seitdem ist sie viel selbstbewusster geworden.

Oft erzähle ich vor einem Publikum meine eigene Geschichte. Wenn man mir ein paar Jahre zuvor gesagt hätte, dass ich irgendwann vor vielen Menschen auf der Bühne stehen und plaudern würde, hätte ich das für verrückt gehalten. Ich habe es immer gehasst, vor Leuten zu sprechen, und brachte höchstens ein Murmeln und jede Menge Äh's heraus, weil ich so nervös war. Aber indem ich mich meiner Angst stellte, habe ich sie überwunden. Am besten geht es mir dabei, wenn ich von Dingen erzähle, für die ich eine tiefe Leidenschaft empfinde. Dann wird es viel einfacher. Wenn man über etwas spricht, das einen glücklich macht, ist es überhaupt nicht mehr anstrengend.

Mein Selbstbewusstsein steigt auch, wenn ich mich für einen Vortrag gut anziehe. Mit Jeans und Turnschuhen fühle ich mich nicht besonders professionell, aber wenn ich ein schickes Kleid, Strumpfhose und Stiefel trage, kann es losgehen. Zwar ziehe ich mich nicht büromäßig an, aber ein bisschen Aufwand verbessert meine Stimmung. Ich finde, Kleidung und Haltung machen viel aus. Wenn ich zu einem Meeting wegen einer Veranstaltung gehe und dazu einen Hosenanzug trage und autoritär auftrete, traut sich keiner, meine Kompetenz infrage zu stellen. Wenn ich in Hoodie und Leggings auftauche und verschüchtert in den Raum starre, fällt es den Leuten viel schwerer, mich ernst zu nehmen.

Früher habe ich mich von der Meinung anderer Leute leicht beeindrucken lassen. Heute ist das nicht mehr der

Fall. Ich nehme gern Ratschläge an und bekomme auch oft welche, aber wenn sich etwas für mich nicht richtig anfühlt, lasse ich mich nicht darauf ein, nur weil jemand meint, ich sollte das so tun. Ehrlich, niemand kommt auf die Idee, dem erfolgreichen Unternehmer Peter Jones zu sagen, wie er seine Unternehmen führen soll! Ich schätze es also sehr, wenn man mir helfen will, aber ich kann es überhaupt nicht leiden, wenn Leute meinen, sie wüssten alles besser als ich, nur weil ich jünger bin als sie.

Ich verlasse mich stark auf mein Bauchgefühl. Wenn sich etwas gut anfühlt und funktioniert, mache ich weiter. Wenn ich Zweifel habe, trete ich einen Schritt zurück und denke noch einmal darüber nach. Oft hilft es auch, wenn ich einen Spaziergang mache oder Zeit mit meinen Tieren verbringe. Dann bekomme ich den Kopf klar und einen frischen Blick auf die Dinge.

Ein paar Mal habe ich nicht auf meinen Instinkt gehört, obwohl ich es hätte tun sollen, und prompt ist es schiefgegangen. Meine innere Stimme warnte mich, aber ich habe sie weggeschoben – und dann lief es nicht so, wie es sollte. Ein anderer Fehler besteht darin, schon nach dem nächsten Projekt zu schauen, statt sich auf das aktuelle zu konzentrieren. Dann läuft ganz schnell etwas aus dem Ruder.

Manchmal fühle ich mich, als hätte ich zwei Menschen in mir. Ich fahre nach London zu einem Geschäftstermin, trage schicke Kleidung und bin gut frisiert, und wenn ich wieder heimkomme, ziehe ich die Gummistiefel an und bin zehn Minuten später voller Schlamm. Ihr könnt euch sicher denken, welche Person mir lieber ist. Sicher wäre mein Leben ganz anders verlaufen, wenn ich in der Stadt aufgewachsen wäre, aber man passt sich eben an. Ich kenne ja eigentlich nur Schotterstraßen und endlose Weiden. Wenn ich in die Stadt komme – so aufregend das auch ist –, habe ich immer ein bisschen Heimweh.

Meine Eltern waren immer großartige Vorbilder. Mein Dad ist selbstständiger Elektroinstallateur, meine Mutter Künstlerin. Beide arbeiten viel, genießen aber auch ihr Leben. Es ist einfach wichtig, glücklich zu sein, egal was man tut. Und man muss nicht Millionen verdienen, um Erfolg zu haben. Glück und Erfolg sind eigentlich dasselbe.

Vor Kurzem hat mich jemand gefragt: »Wäre dein Leben nicht viel einfacher, wenn du als Angestellte arbeiten würdest?« Ehrlich gesagt, glaube ich das nicht. Die Verantwortung schreckt mich nicht, sondern motiviert mich eher. Letztlich muss man sich entscheiden, ob man seine eigenen Träume oder die anderer Leute wahr macht. Und ich wollte mich immer auf meine eigenen konzentrieren.

Ein echtes Highlight war die Einladung zur Verleihung des Great British Young Entrepreneur Award in London im November 2016. Ich war die einzige Frau in meiner Kategorie und die einzige Frau seit sechs Jahren, die für diesen Preis für junge Unternehmer nominiert worden war. Außerdem war ich mit meinen neunzehn Jahren die Jüngste, die jemals in die Endrunde gekommen ist. Ich habe lange darüber nachgedacht, was ich zu diesem Anlass anziehen könnte, aber dann wurden zum Glück all meine Gebete erhört, weil die Modefirma ASOS mich sponserte und mir ein tolles langes Kleid im Matrosenstil schickte. Das war perfekt für diesen Abend. ASOS gehört zu meinen Twitter-Followern, deshalb wissen die Leute dort, wenn ich zu Veranstaltungen gehe, und schicken mir öfter mal Kleider. Das ist natürlich wunderbar. Topshop hat mir auch schon mal etwas aus der Kollektion für hochgewachsene Frauen geschickt – sehr cool. Normalerweise schicken die Leute immer nur Alf Geschenke, es ist also eine schöne Überraschung, wenn ich auch mal etwas bekomme.

Die Preisverleihung fand im Lancaster Hotel in London statt. Als wir hineingingen, war alles so vornehm, dass ich mich ein bisschen fehl am Platze fühlte. Aber sobald ich mit ein paar Leuten plaudern konnte, entspannte ich mich. Tausende Leute nahmen an der Veranstaltung teil, allerdings nur wenige Frauen, was mich sehr erstaunte. Damit hatte ich nicht gerechnet. In Yorkshire ist es immer noch so, dass die Männer draußen auf dem Hof arbeiten und die Frauen im Haus, aber ich hatte schon gedacht, dass das Verhältnis bei einem solchen Event ausgeglichener wäre. Ich hoffe, irgendwann wird es genauso viele Geschäftsfrauen wie -männer geben.

Am Ende bekam ich den Preis nicht, aber ich wurde zweite unter sechshundert Nominierten – ein toller Erfolg. Es war das erste Mal, dass ich überhaupt für einen Preis nominiert worden war, und allein das fühlte sich schon großartig an.

Im November 2016 kam auch die Zeitschrift *Little Alf* auf den Markt – wieder ein großer Moment. Da die Leute alles über Alf wissen wollten und ständig Fragen stellten, fand ich es eine gute Idee, eine Zeitschrift über ihn herauszubringen. Ursprünglich kam ich darauf, als ich die Broschüre für meine Eventmanagement-Firma vorbereitete. Auf der Website der Druckerei sah ich nämlich, dass sie auch Zeitschriften drucken. Da ging mir so richtig ein Licht auf. Ich war so begeistert, dass ich das Magazin an einem Tag fertig machte, selbst korrigierte und die ersten Exemplare bestellte. Alfs Fans lieben die Bücher mit den erfundenen Geschichten; das Magazin bietet einen lebensechten Blick in seine Welt. Und da mein Blog so viele Leser hat, hielt ich es für sinnvoll, die Inhalte auch in dem Magazin aufzugreifen.

Es enthält Geschichten, Preisausschreiben sowie sehr viele Fotos und Informationen darüber, wo die Leute Alf sehen können. Am Anfang bestellte ich nur hundertfünfzig Exemplare, weil ich nicht wusste, wie gut sie sich verkaufen würden. Aber sie waren sehr schnell weg, sodass ich nachbestellen musste und ein paar Monate später schon die nächste Ausgabe vorbereitete.

Mein viertes Buch, *The Magical Adventure of Little Alf: The Hidden Secrets* (Die zauberhaften Abenteuer von Little Alf: Die verborgenen Geheimnisse), war im Juni 2016 erschienen. Diesmal war der Abstand zu den früheren Büchern größer als bisher, weil ich so viele andere Verpflichtungen hatte. Ich hatte eine neue Kollektion Reiterkleidung mit Alf-Motiven entworfen, was sehr viel Zeit kostete. Alfs Merchandising-Kollektion wuchs ständig, weil ich so viele neue Ideen hatte und es mir so viel Spaß machte, nach den besten Herstellern zu suchen, die Kosten zu kalkulieren und endlich das fertige Produkt in den Händen zu halten. Natürlich gibt es Bücher, Kleidung, Magazine und Stofftiere (meine Lieblinge), aber auch Einkaufstaschen, Satteltaschen, Bandagen und Umhängetaschen – wirklich alles Mögliche. Mir fällt immer wieder etwas Neues ein.

Der Juni war ein eher gemischter Monat. Schön war, dass das Buch und die neue Kollektion herauskamen, aber leider brach ich mir auch den Knöchel. Und Alf hat mich gerettet!

Eines Nachmittags ging ich auf die Weide, um nach den Pferden zu sehen, und trug einen Eimer mit Futter in der rechten Hand. Weil Alf schon am Gatter auf mich wartete, beeilte ich mich etwas, passte nicht auf und trat in ein Kaninchenloch. Ich fiel in die eine Richtung, der Fuß in die andere, der Eimer landete auf meinem Kopf und schlug mich k.o.

Ein paar Sekunden war ich weg, und als ich wieder zu mir

kam, stand Alf da und schrie wie am Spieß. Mein Knöchel tat höllisch weh. Ich konnte nicht aufstehen, um mir Hilfe zu holen, aber Mum hörte Alfs Alarmschrei und kam aus dem Haus gerannt, weil sie wusste, dass irgendetwas passiert war. Als sie mich am Boden liegen sah, sagte sie: »Na, Gott sei Dank, dass es nur dein Knöchel ist. Ich dachte schon, du hättest einen Bandscheibenvorfall oder so.« Nein, so schlimm war es zum Glück nicht, aber es tat schon gemein weh.

Der Notarzt hätte nicht bis zu unserer Weide fahren können, also kam der Bauer von der Nachbarfarm mit seinem Traktor, hob mich mit dem Frontlader hoch (der normalerweise für Erde und Holz benutzt wird) und brachte mich nach Hause. Mein Bruder fuhr dann mit mir zur Notaufnahme und besorgte mir einen Rollstuhl. Bis heute beklagt er sich, dass ich so schwer zu schieben war. Als er versuchte, mich die Rampe zum Eingang hochzuschieben, entglitt ihm der Rollstuhl, sodass ich in einen Dornbusch kippte. Auch das noch! Weil mein Fuß eindeutig in die falsche Richtung zeigte, wurde ich sehr schnell zu einem Arzt gebracht. Er sah mich an, zerkratzt wie ich war und mit Dornen im Bein, und fragte mich, ob ich mir das Bein beim Sturz in ein Gebüsch gebrochen hätte.

Sechs Stunden war ich in der Notaufnahme, dann hatten sie mir eine riesige schwarze Plastikschiene angepasst und mir zwölf Wochen Physio verschrieben. So lange würde alles mit halbem Tempo laufen müssen. Mum und Dad halfen mir sehr bei den Tieren. Und Alf wusste genau, dass irgendetwas nicht stimmte, denn er leckte ständig über die Schiene. Er hat sogar ein Stück herausgebissen, was die Leute im Krankenhaus gar nicht lustig fanden.

Alle hielten es für sehr komisch, dass ich von Kindheit an geritten und in Höhlen herumgeklettert war und sogar einen

Fallschirmsprung gemacht hatte und dann durch ein Kaninchenloch außer Gefecht gesetzt wurde.

Ende September war ich wieder fit und konnte endlich auch wieder Auto fahren. Es war schon ein komisches Gefühl gewesen, dass mich meine Eltern wieder überall hin kutschieren mussten. Manchmal, wenn sie Alf und mich zu irgendwelchen Veranstaltungen brachten, dachte ich, dass es wie früher war, wenn wir zu den Signierstunden fuhren und Alf im Lieferwagen meines Vaters transportierten. Inzwischen hat Alf seinen eigenen Pferdeanhänger – sehr schick.

Nach diesem Sommer musste Alf nicht mehr zu Veranstaltungen und konnte ganz einfach sein Pferdeleben genießen. Er macht bei Signierstunden gern mit und findet es gut, Leute zu treffen, aber ab und zu braucht auch er eine Pause. Wenn er könnte, würde er wohl auf die Bahamas fliegen, Cocktails schlürfen und am Strand liegen. Doch er muss sich mit einer verregneten Weide in Yorkshire begnügen. Wenn er sehr brav ist, gibt es vielleicht mal ein paar Leckerchen extra.

Jedes Mal, wenn ich darüber nachdachte, wie sehr sich mein Leben in so kurzer Zeit verändert hatte, musste ich lächeln. Am Anfang war ich mit Alf auf Buchfestivals gefahren. Jetzt organisierte ich sie selbst und hatte vier Bücher veröffentlicht.

Das alles fühlte sich wunderbar an. Ich konnte ja nicht ahnen, dass mir das Beste noch bevorstand.

KAPITEL 10

Königlicher Besuch

Anfang 2017 rief mich Julia Harmby an, die Vorsitzende der RDA in unserer Gegend, und teilte mir mit, dass Alf und ich am 30. März einen besonderen Preis von der RDA verliehen bekämen. Und damit nicht genug: überreichen würde den Preis keine Geringere als Prinzessin Anne.

Die Preisverleihung geschah anlässlich des fünfundzwanzigsten Jahrestags der Zweigstelle Bedale and Richmond. Seit Alf und ich dort mitmachten, waren sie in der Öffentlichkeit offenbar sehr viel bekannter geworden. Das freut mich natürlich von Herzen.

Ich lief sofort hinaus, um Alf davon zu erzählen, und sagte zu ihm: »Von mir aus darfst du dich bis zum dreißigsten März jeden Tag schlecht benehmen, aber an diesem Tag musst du superbrav sein!« Wenn ich anfing darüber nachzudenken, fielen mir unzählige Möglichkeiten ein, wie er mich blamieren konnte. Vor meinem inneren Auge tauchten Schlagzeilen wie »Prinzessin Anne von Mini-Pony gebissen!« auf.

Und wenn er ihr in die Füße biss? Oder wenn sie ein Kleid anhatte und er seinen Partytrick vollführte? Und was, wenn sie ein starkes Parfüm trug, was ihn immer ganz verrückt macht?

Gleichzeitig machte ich mir natürlich Gedanken darüber, was ich anziehen sollte. Wenn Alf mitkam, musste ich

Hosen tragen, denn er benimmt sich immer sehr schlecht, wenn ich einen Rock oder ein Kleid anhabe. Oft genug ist es vorgekommen, dass er mit dem Kopf unter meinen Rock fuhr. Einmal habe ich auf einer Veranstaltung mit ihm ein Kleid getragen; da hat er den Vorbeigehenden ständig meine Unterhose gezeigt. Ein anderes Mal hatte ich ein Interview bei der *Yorkshire Post* und trug zu dieser Gelegenheit ein sehr schönes blaues Kleid. Als wir draußen fotografiert werden sollten, schubste Alf mich um, sodass alle meine altmodische Wäsche sahen. Der Fotograf drückte auch einfach weiter auf den Auslöser, sodass er schöne Fotos davon hatte.

Den Abend vor der Preisverleihung verbrachten Mum und ich in der Küche, wo wir uns alle möglichen schrecklichen Szenarien ausdachten. Ich könnte beim Hofknicks umkippen, Alf könnte aus seinem Laufstall ausbrechen und Prinzessin Anne umschubsen ... Die schlimmsten Sachen dachten wir uns aus und lachten uns dabei kaputt.

Am nächsten Morgen stand ich früh um fünf auf, um Alfie zu baden und fertig zu machen. In den Dales hatte es sich herumgesprochen, dass Prinzessin Anne kam. Alle waren aufgeregt. Seit dem ersten Anruf hatte ich über mein Outfit nachgedacht und war überzeugt, es würde schrecklich enden, wenn ich mich zu früh entschied.

RDA hatte eine Liste geschickt, auf der auch Hinweise zur Bekleidung standen. Vor allem sollten wir uns warm anziehen, obwohl wir irgendwann ins Haus gehen würden, aber es war eben noch sehr kalt. Ansonsten lautete die Empfehlung »sportlich elegant«, was ich immer besonders verwirrend finde. Ich entschied mich für eine schwarze Jeans und ein Tweedjackett, was immer schön ländlich aussieht, ein Halstuch mit Blumenmuster und meine Reitstiefel, die ich zu diesem Anlass frisch poliert hatte.

Natürlich regnete es wie aus Kübeln, als wir losmussten. Mum und ich fuhren mit dem Anhänger zu Alfs Stall, um ihn einzuladen. Und wie man sich denken kann, weigerte er sich standhaft, aus dem Stall zu kommen. Nach etwa zwanzig Minuten heftiger Bestechungsversuche mit Möhren musste ich ihn einfach zur Tür zerren. Dort angekommen, sprang er fröhlich in den Anhänger, sobald er gesehen hatte, dass es darin trocken war.

Alf hatte ein neues blaues Halfter bekommen, das sehr flott aussah. Seine Mähne und sein Schweif glänzten richtig, weil ich ihm die Haare am Abend zuvor mit Lockenwicklern aufgedreht hatte. Eigentlich hatte ich nur ein paar witzige Fotos damit machen wollen, aber es zeigte sich, dass die Wickler in seiner Mähne eine sehr gute Wirkung hatten. Mein Urgroßvater, der auch Alf hieß, nahm immer eine Haarcreme namens Brylcreem und hatte mir den Rat gegeben, sie auch für meine Pferde zu verwenden. Deshalb versuchte ich es zu dieser besonderen Gelegenheit einmal damit. Als ich die Wickler herausnahm, war Alfs Haar so glatt und voller Sprungkraft, als wäre er beim Friseur gewesen. Normalerweise verfilzt seine Mähne leicht zu Dreadlocks, aber diesmal sah er unfassbar gut aus. Tiptop und einwandfrei.

Da wir einen Sicherheitscheck absolvieren mussten, waren wir sehr früh beim Catterick Saddle Club, wo die Zeremonie stattfinden sollte. Prinzessin Anne würde erst um Viertel nach zwei kommen, aber wir waren schon mittags da, um für alles bereit zu sein. Mum, Alf und ich bekamen VIP-Ausweise. Ich freute mich besonders, dass sie für Alf einen Ausweis am Band gemacht hatten, das um seinen Hals gehängt wurde.

Dann kamen sie: vierzehn verdunkelte Autos, bewaffnete Polizisten, fünf Polizeibusse und zwei Polizeilimousinen. Es war ziemlich überwältigend. Ich erklärte den Sicherheitsleuten, wer wir waren, und zeigte ihnen unsere Ausweise. Alf hat ja seinen eigenen Pass, den man aus rechtlichen Gründen immer mit sich führen muss, wenn man mit einem Pferd unterwegs ist. Wir holten Alf aus dem Anhänger, und sie holten ihre Spürhunde, die ihn abchecken sollten. Ihr könnt euch denken, wie er das fand. Er war ziemlich sauer. Aber natürlich war auch ein bisschen Spaß dabei.

Sobald die Hunde ihr Okay gegeben hatten, kam ein Polizist mit einem Spiegel an einer langen Stange, die ein bisschen aussah wie ein Selfie-Stick. Damit schaute er unter Alfs Bauch, um sicherzugehen, dass wir nicht irgendetwas hineinschmuggelten. Alf sprang die ganze Zeit herum, als wollte er sagen: »Was machst du denn da? Was soll das denn?« Dann kam ein weiterer Polizist und tastete Alf ab. Mum und ich konnten uns kaum noch halten vor Lachen, aber Alf war richtiggehend entsetzt.

Als wir endlich hineingelassen wurden, musste ich Alfs Laufstall in unserem Bereich aufbauen. Mum stand solange mit ihm in der Nähe eines alten Traktors, aber der gefiel ihm aus irgendeinem Grund überhaupt nicht. Er fing an, hinten auszuschlagen und nach dem Teil zu treten.

Inzwischen waren sehr viele Fernsehteams gekommen, von ITV, Tyne and Tees und North East. Und alle schauten zu und fingen an, ihn zu filmen. Auch die Bodyguards von Prinzessin Anne holten ihre Smartphones raus und machten Fotos von Alf, der gegen den Traktor kämpfte.

Ich nahm Alf an den Zügel und drehte eine Runde mit ihm, um ihn ein bisschen zu beruhigen. Aber er fing bald wieder mit seinen alten Tricks an und biss Blüten von den schönen Blumenbeeten ab, die man eigens für die Veranstaltung bepflanzt hatte. Dann spuckte er sie aus und ging weiter, sodass mir nichts anderes übrigblieb, als ein bisschen Sand darüberzuschieben und zu hoffen, dass niemand etwas bemerkt hatte.

Danach brachte ich ihn zurück zum Auto, während Mum mir half, seine Sachen aus dem Anhänger zu holen. Sein Heunetz hängte ich ganz tief, damit er drankam. In diesem Moment kam eine Frau auf mich zu und erklärte mir verärgert, das Netz hinge zu niedrig und sähe unordentlich aus. Höflich erklärte ich ihr, dass Alf nur 70 Zentimeter groß sei und eine Leiter brauchen würde, wenn ich das Netz höher hängte.

Schließlich brachte ich Alf in seinen Laufstall, aber jedes Mal, wenn ich wegging, fing er an zu schreien. Ich musste zwei Stunden lang neben ihm stehen, bis Prinzessin Anne kam, nur damit er ruhig blieb. Er war im Fellwechsel, und es juckte ihn gerade ganz fürchterlich. Während ich kurz mit einem der Organisatoren sprach, kam eine Helferin vorbei, schlug nach Alf und befahl ihm, mit Kratzen aufzuhören. Ich war wirklich entsetzt und sagte ihr, sie solle es nie mehr wagen, mein Pony zu schlagen. Sie entschuldigte sich dann, aber Alf war richtig sauer. Und ich auch.

Der RDA-Vorsitzende kam auch noch, um sich zu entschuldigen, aber ich war einigermaßen schockiert. Ich will, dass Alf ganz er selbst sein kann, und wenn es ihn juckt, dann juckt es ihn eben. Du lieber Himmel, er ist ein Pferd, und Pferde kratzen sich manchmal! Aber ich wollte mir von dem Zwischenfall auch nicht den schönen Tag verderben lassen.

Kurz bevor es losging, bekam ich noch eine Einweisung von einer Assistentin der Prinzessin. Ich musste sie mit »Guten Tag, königliche Hoheit« begrüßen und sie danach mit »Ma'am« ansprechen. Sie zeigten mir auch den Hofknicks: ein Bein hinter das andere, dann mit dem Kopf nicken. Im Grunde ist es ganz einfach, aber ich bin nicht so gut in Koordination und wusste nicht recht, welches Bein hinter das andere kam. Jedes Mal, wenn ich knickste, sah es aus, als wollte ich jemandem einen Kopfstoß versetzen. Nicht sehr vornehm. Die ganze Woche über hatte ich versucht, Alf einen Knicks beizubringen, aber an diesem Tag war so viel los, dass ich wusste, er würde es nicht hinbekommen. Er war viel zu abgelenkt, und mir war eigentlich nur wichtig, dass er sich einigermaßen gut benahm.

Nervös warteten wir auf die Ankunft der Prinzessin. Drei Bodyguards kamen zu uns, um ein bisschen zu plaudern, und fragten mich über Alf aus. Dann kam die Assistentin noch mal und sagte zu mir: »Sie wissen schon, dass Sie kein Selfie mit der Prinzessin machen dürfen, oder?« Ich musste lachen und versprach, es nicht zu versuchen.

Die Bodyguards hatten kleine Lautsprecher in der Hand, sodass ich hören konnte, dass Prinzessin Anne nun kommen würde. Noch zwei Minuten. Ich wurde noch nervöser. Und es sollte sich zeigen, dass ich dazu auch allen Grund hatte.

Als sie hereinkam, schnappte ich nach Luft. Ich war vorher schon nervös gewesen, aber jetzt war ich kurz davor, in Ohnmacht zu fallen. Sie kam auf mich zu, und ich dachte: *Das ist ja vollkommen verrückt! Wie aufregend, einem Mitglied der königlichen Familie so nahe zu sein!* Die ganze Zeit tätschelte ich Alf, als wollte ich ihn beruhigen, dabei beruhigte ich vor allem mich selbst.

Wir waren als Erste dran. Sie kam auf mich zu, und ich übte noch einmal schnell meinen Satz. Dann war es so weit. »Wie schön, Sie kennenzulernen, königliche Hoheit«, sagte ich und sank in meinen leicht wackeligen Knicks.

»Nein, es ist schön, Sie und Alfie kennenzulernen!«, erwiderte sie lächelnd. Dann sagte sie zu uns, wir sähen sehr flott aus, und ich brachte nur ein »Oh, danke schön!« im breitesten Dialekt heraus. Aus irgendeinem Grund war ich an diesem

Tag ein noch größeres Landei als sonst. Vielleicht klang es aber auch nur so im Vergleich zu ihrer gepflegten Aussprache.

Der Vorsitzende des RDA erklärte Prinzessin Anne, dass Alf kleinwüchsig ist. Sie fragte mich, ob er eigentlich so groß wie ein normales Shetlandpony hätte werden sollen, und als ich Ja sagte, lachte sie, und ich stimmte mit ein.

Dann sagte sie: »Ich bin stolz, Ihnen diesen Preis überreichen zu dürfen.« Und sie reichte mir den schönen schwarz-goldenen Preis. Doch bevor ich auch nur die Hand danach ausstrecken konnte, sprang Alf nach vorn und schnappte sich das Ding mit den Zähnen. Mir wurde ganz schwindelig. Ich konnte nur denken, hoffentlich hat er ihr jetzt nicht in den Finger gebissen.

Doch sie lachte wieder, während ich am liebsten im Boden versunken wäre. Ich musste Alf das Maul gewaltsam öffnen, damit er den Preis losließ. Dann ließ er ihn in den Sand fallen.

Ich hob ihn auf und sagte in meiner Verwirrung nur »Hier« zu der Prinzessin und gab ihr das Teil zurück. Inzwischen war es total verschmiert mit Alf-Speichel und Sand. Sie schaute darauf und sagte: »Oh, schön!«, und jemand musste ihr ein Papiertuch geben, damit sie sich die Hände abwischen konnte. Zum Glück trug sie Handschuhe, aber trotzdem …

Noch einmal reichte sie mir den Preis und drohte Alf dann mit dem Finger. »Nein, Alfie, der ist für deine Mummy, nicht für dich«, sagte sie zu ihm und nannte ihn ein freches Äffchen. Ich fand es gut, dass sie ihn ordentlich ausschimpfte.

Danach gab es noch ein offizielles Foto. Ich betete, dass Alf sich benehmen würde, aber er zupfte an ihren Mantelknöpfen, und ich konnte nur froh sein, dass sie das alles so lustig fand und mir jede Menge Fragen über ihn stellte.

Eigentlich hatte sie nur drei Minuten Zeit, weil ihr Terminplan sehr knapp bemessen war, aber am Ende blieb sie mehr als zehn Minuten bei uns. Sie fragte, ob Alf eine eigene Website hätte, und als ich Ja sagte, meinte sie, sie würde ihn mal googeln. Es war wirklich surreal.

Dann zog sie weiter und überreichte noch ein paar Preise, bevor die Reitvorführung stattfand. Alf benahm sich die erste Stunde erstaunlich gut. Aber dann kamen die anderen Pferde herein.

Wir sollten still in unserer Ecke stehen bleiben, aber da ich wusste, dass er Krach machen würde, wenn die anderen Pferde kamen, fütterte ich ihn mit Leckerchen, um ihn ruhig zu halten. Die Kamerateams standen gleich neben uns. Einer der Toningenieure sagte lachend: »Ich höre im Kopfhörer die ganze Zeit nur das Kauen deines Pferdes.«

Tatsächlich kaut Alf so laut wie eine Kuh. Irgendwann wurde es derart schlimm, dass einer der Bodyguards den Finger auf die Lippen legte und »Pst« machte.

Als die anderen Pferde vorbeikamen, fing Alf an zu wiehern und störte gewaltig. Da er nicht aufhörte, mussten sich die Bodyguards alle zwölf vor seinen Laufstall stellen und ihm die Sicht versperren. Das gefiel ihm aber auch nicht.

Sie trugen alle schwarze Kästchen zur Steuerung ihrer Mikrofone hinten an ihren Gürteln. Als ich einen Moment nicht aufpasste, weil ich die Vorführung anschaute, ging Alf zu dem leitenden Bodyguard und fing an, die Drähte aus dem Kästchen zu ziehen.

Im gleichen Moment sah ich, was er machte, und versuchte ihn wegzuziehen, bevor es die Männer bemerkten. Ich sagte so ruhig und entschieden wie möglich »Nein, Alf, aufhören«, aber er machte munter weiter. Um ihn dazu zu bringen, die Drähte loszulassen, bot ich ihm ein Polo an. Daraufhin ließ er die Drähte tatsächlich fallen, aber bevor er sich in die hinterste Ecke seines Laufstalls zurückzog, biss er dem Bodyguard noch herzhaft in den Hintern. Der Mann schaute sich um, sah mich allein dort hinter ihm stehen und fragte: »Hast du mir gerade in den Hintern gekniffen?« Alf war ziemlich weit weg und schaute in die andere Richtung. Kein Wunder, dass er mich verdächtigte.

Ich warf einen nervösen Blick auf seine Mikrofonsteuerung, und als er sah, dass die Drähte lose hinabhingen, schüttelte er nur den Kopf. Alf hatte das Teil richtig kaputt gemacht, und das war gar nicht gut, denn der Mann sollte den anderen ja Anweisungen geben. Jemand musste losrennen und eine neue Steuerung für ihn holen. Mir war das alles so peinlich, dass ich gar nicht wusste, wohin mit mir.

Aber das war noch nicht das Ende. Auf einem großen Tisch neben Alfs Laufstall stand nämlich eine große Torte. Prinzessin Anne trat an den Tisch, um die Torte anzuschneiden – ein ruhiger, ergreifender Moment. Und was tat Alf? Er fing an, mit den Hufen gegen die Stangen seines Laufstalls zu treten. Das machte einen Riesenkrach, sodass alle zu uns herüberschauten. Um ihn zu beruhigen, kletterte ich zu ihm in den Laufstall.

Weil er immer noch gegen die Stangen trat, schob ich mein Knie dazwischen. Aber er ließ sich nicht entmutigen, kletterte mit den Vorderhufen über mein Bein und sah jetzt aus, als säße er auf meinem Schoß. Prinzessin Anne schaute uns an und sagte: »Er ist ein echter Charmeur, nicht wahr? Was für eine Persönlichkeit!«

Bevor sie abfuhr, kam sie noch mal zu uns und sagte: »Was für ein kleiner Krachmacher. Er braucht viel Aufmerksamkeit, oder?« Ehrlich gesagt, ich glaube, sie war ein Alfie-Fan geworden, obwohl er sich so schlecht benahm.

Nachdem die Prinzessin abgefahren war, kamen viele

Leute zu uns, um Alf kennenzulernen. Darunter waren auch mehrere Soldaten aus der Garnison in Catterick, die an diesem Tag ebenfalls ausgezeichnet worden waren. Sie waren ganz besonders begeistert, Alf zu sehen. Es war wirklich lustig, diese breitschultrigen, taffen Männer zu sehen, wie sie mit einem kleinen Pferd flirteten.

Die Torte auf dem Tisch neben uns verschwand, ein Buffet wurde aufgebaut, und alle warteten höflich, bis es eröffnet wurde. Ich hatte die Organisatoren gewarnt und ihnen gesagt, es sei keine gute Idee, Lebensmittel in Alfs Nähe aufzubauen, aber sie meinten, sie würden dafür sorgen, dass er nicht drankäme.

Zwei Minuten ließ ich ihn aus den Augen. Im nächsten Moment stemmte er sich auf die Brüstung seines Laufstalls, streckte den Hals aus und zog an der Ecke einer Schachtel mit Essen. Und schon landete alles auf dem Boden. Alf war natürlich begeistert und steckte die Nase hinein. Die Verzierung auf ein paar kleinen Kuchen hatte er schon verputzt und sich das Maul damit verschmiert. Die Versuchung war wohl doch zu groß gewesen.

Über hundert Menschen waren an diesem Tag gekommen. Ich bin sicher, nicht alle fanden Alf lustig, aber einige waren ganz entzückt von ihm. Andere fanden wohl, ich sei eine schreckliche Pferdehalterin und müsse ihn strenger erziehen. Aber wenn sie einmal ein paar Tage auf ihn aufpassen müssten, würden sie wissen, was für eine Aufgabe das ist.

Ich dachte, er würde vielleicht ein bisschen überschüssige Energie verbrauchen, wenn ich mit ihm spazieren ging, aber es endete nur damit, dass er mich durch die Reithalle zog, bis ich auf dem Hintern landete. Die Kamerateams filmten uns natürlich auch dabei. Und sobald Alf das merkte, war er so richtig in seinem Element. Er buckelte und ging rückwärts und machte alle möglichen Geräusche. Ich bin sicher, er wollte die Aufmerksamkeit wieder auf sich lenken, nachdem alle nur die Prinzessin angeschaut hatten.

Wir bekamen an diesem Tag beide einen eigenen Preis. Ich bekam eine Plakette, die bei der RDA ausgestellt wurde, und Alf eine schöne schwarz-goldene Mitgliedsnummer aus Leder, die an sein Halfter passt. Die Inschrift lautet: »Für langjährigen Dienst und als besondere Anerkennung«. Sie sieht wirklich sehr schick aus, jedenfalls bis man näher hinschaut und die Zahnspuren erkennt.

Es war ein großartiger Tag. Hinterher brach Mum in Tränen aus und sagte mir, wie stolz sie auf Alf und mich sei. Dad war ebenfalls überwältigt. Er sagte, wir hätten da etwas ganz Großartiges geschafft. Wir gingen an diesem Abend noch zu dritt essen, um zu feiern. Dad erzählte allen Leuten in dem Restaurant, was für einen ereignisreichen Tag ich gehabt hatte. Das war lustig, weil es ja lauter fremde Leute waren. Aber er war einfach zum Platzen stolz und wollte alle daran teilhaben lassen.

Alf hatte zwar eigentlich keine Belohnung verdient, aber er bekam an diesem Abend trotzdem eine. Als ich bei ihm im Stall saß und er mir den Kopf auf die Schulter legte, dachte ich an das erste Mal zurück, als ich dieses komische kleine Pferd gesehen hatte, bis zum Bauch im Schlamm. Kaum zu glauben, wie weit wir gekommen waren.

Vor ein paar Monaten bekam ich auch noch den Preis »Autorin des Monats« von Lulu, der Self-Publisher-Website, über die ich meine Kinderbücher veröffentliche. Wenn ich daran denke, wie ich mich gefühlt habe, als ich mein erstes Buch in Händen hielt und mir kaum vorstellen konnte, dass irgendjemand es kaufen würde … Inzwischen plane ich schon wieder die nächsten Bücher. Schließlich scheinen die Leute sie zu mögen.

Vor Kurzem habe ich in Leyburn einen Little-Alf-Laden eröffnet. Das freut mich ganz besonders. Den Laden hatte ich schon seit zwei Jahren im Auge, und als mich der Besitzer anrief, um mir zu sagen, jetzt könnte ich ihn mieten, hatte ich die Planung für die Einrichtung in Gedanken schon fast fertig. Drinnen sieht es ein bisschen aus wie in einer Scheune. Man kann dort alles kaufen, was mit Alf zu tun hat. Er ist bei uns in der Gegend sehr bekannt und beliebt. Und die Touristen lieben ihn auch.

Ich habe noch große Pläne mit dem Laden und mit all den Alf-Artikeln. Außerdem veranstalte ich weiterhin Signierstunden und Workshops, veröffentliche Magazine und habe ab und zu auch Auftritte mit dem kleinen Kerl. Es gibt so viele Möglichkeiten; wir haben ja gerade erst angefangen. Inzwischen gibt es sogar einen Little-Alf-Wanderweg in den Yorkshire Dales. Die Kinder laufen beim Laden los und kommen auf einem Rundweg durch Leyburn und die Dales, sodass sie alle Sehenswürdigkeiten von Yorkshire kennenlernen. Es gibt eine Landkarte und Wegweiser dazu. Und natürlich ein niedliches T-Shirt mit der Aufschrift: »Ich war auf dem Little-Alf-Trail«. Die Aktion hilft, Yorkshire bekannter zu machen. Das ist mir sehr wichtig.

Abgesehen von unseren royalen Eskapaden hatten Alf und ich noch ein weiteres lustiges Abenteuer. Wir wurden nämlich zur Equerry Bolesworth International Horse Show eingeladen. Die findet auf Bolesworth Castle in der Grafschaft Cheshire statt, und die Einladung kam durch mein Engagement für Brooke zustande. Dort gab es einen speziellen Tag für Kinder, an dem siebenhundertfünfzig Kinder teilnahmen, um alles über Pferde zu erfahren. Einige kamen aus Großstädten, einige aus schwierigen Verhältnissen, einige waren schon Pferdefans, andere noch nicht. Sie alle kamen für einen Tag zusammen, um die Welt der Pferde kennenzulernen.

Weil Alf zum einen sehr klein ist und zum anderen gern andere Pferde ärgert, brachten wir ihn in den Bereich für die Hunde. Dort war der Zaun viel niedriger, sodass er von allen Seiten mächtig verwöhnt wurde. Er bekam auch einen sehr luxuriösen Einzelstall zum Schlafen, mit seinem Namen an der Tür und jeder Menge frischer Sägespäne. Er wurde behandelt wie ein Promi, sogar einen Bodyguard hatte er. Das ist kein Witz.

Als wir am nächsten Morgen zu der Veranstaltung kamen, versammelten sich die Leute um unseren Anhänger, um zu sehen, was darin war. Aus Jux sagte ich, es wäre ein sehr großes Dressurpferd. Als ich dann die Tür aufmachte, schauten alle hinein und lachten. Alf durfte über den großen Veranstaltungsplatz zu seinem Bereich spazieren und wurde von allen Leuten gestreichelt.

An diesem Tag hielt ich, von Alf begleitet, sechs halbstündige Vorträge für die Kinder. Das Ganze wurde von einem Sender namens Horse and Country TV gefilmt, und auch BBC Cheshire war anwesend. Die Fernsehleute stellten noch ein paar zusätzliche Fragen über Alf, bis er anfing, über die Kamera zu lecken. Da mussten sie erst einmal abbrechen, alles reinigen und wieder von vorn anfangen. Als Nächstes hielten sie ihm ein großes Mikrofon mit einem Windschutz aus Plüsch vor die Nase. Er fing sofort an, mit dem Kopf danach zu schlagen. Wahrscheinlich wussten sie nicht so recht, was sie mit ihm anfangen sollten.

Später gingen wir in den VIP-Bereich, damit Alfie eine

Pause einlegen konnte. Er hatte nämlich angefangen zu gähnen und war reichlich erschöpft. Dort gab es Tische mit freien Getränken. Alf bediente sich gleich mehrfach. Erst dachte ich, es handelte sich um Apfelsaft, aber dann wurde mir klar, dass er Bier trank. Ich musste ihn förmlich wegzerren. Er schnaubte heftig und versuchte, mich zurückzuziehen, damit er noch ein bisschen mehr davon bekam. Wir hatten viel Spaß in Bolesworth, aber ich musste dafür sorgen, dass er nicht *zu viel* Spaß hatte. Ein Kater am nächsten Morgen ist schließlich kein Spaß.

Natürlich passiert bei uns immer noch das eine oder andere Drama mit den Tieren. Einmal war ich im Sommer unterwegs, um ein paar Besorgungen zu machen. Als ich zurückkam, sah ich, dass Paddy ganz seltsam in einer Ecke seiner Weide stand. Instinktiv wusste ich, dass da etwas nicht stimmte, und lief hin.

Als ich näher kam, sah ich, dass er blutete. Das Blut spritzte regelrecht aus ihm heraus. Auf dem Boden hatte sich schon eine Lache gebildet. Als ich genauer hinsah, erkannte ich einen drei Zentimeter langen Schnitt an seiner Brust. Er musste sich an irgendetwas geschnitten und eine Ader verletzt haben, denn die Blutung hörte einfach nicht auf. Ich kann nicht gut Blut sehen, aber ich musste ihm ja helfen. Dafür war es nötig, einen Druckverband anzulegen. Meine Familie war im Urlaub, ich konnte also niemanden um Hilfe bitten, sondern musste allein damit zurechtkommen.

Also zog ich Paddy zum Stall, schnappte mir ein Handtuch aus der Küche und legte es auf die Wunde. Dann rief ich den Tierarzt an, der mir am Telefon Anweisungen gab, wie ich die Blutung stoppen konnte. Er meinte, ich sollte mir elastische Binden holen, aber dazu hätte ich ja Paddy stehen lassen müssen. Und jemand anderen rufen konnte ich nicht.

Inzwischen wurde die Blutung eher schlimmer als besser. Ich machte mir große Sorgen. Am Ende musste der Tierarzt doch kommen und die Wunde nähen. Erst da hörte es auf zu bluten.

Der Tierarzt fuhr wieder weg, und ich dachte, das wäre es dann. Aber nach einer Stunde ging die Naht auf, und es blutete wieder. Also holte ich mir erneut ein Handtuch, drückte es auf die Wunde und saß ewig bei Paddy. Mal wurde das Bluten weniger, dann fing es wieder an. In den kurzen Pausen konnte ich nach den anderen Tieren sehen und ihnen Futter und Wasser bringen, aber lange konnte ich Paddy nicht allein lassen.

Um drei Uhr am Nachmittag hatte ich die Verletzung entdeckt. Um neun Uhr abends hörte es endlich auf zu bluten. Zum Glück blieb Paddy im Gegensatz zu mir ganz ruhig. Er machte sich nichts daraus und wollte endlich etwas fressen. Vielleicht war es so eine Art Trostessen, damit er auf andere Gedanken kam.

Am nächsten Morgen schien es ihm viel besser zu gehen, aber man kann die Stelle immer noch fühlen, und er mag es auch nicht, wenn man ihn dort berührt. Ich habe keine Ahnung, wie diese Verletzung zustande kam. Erst dachte ich, dass er sich die Haut vielleicht an einem herausstehenden Nagel aufgerissen hatte, aber nachdem mein Dad aus dem Urlaub zurück war, haben wir alle Zäune abgesucht und nichts gefunden. Es ist mir ein Rätsel. Ich bin nur froh, dass ich da war und ihm helfen konnte.

Wirklich unerträglich ist mir der Gedanke, dass Alfie eigentlich gar nicht am Leben sein dürfte. Die meisten Züchter hätten ihn wohl schon sehr früh töten lassen. Schon wenn ich den Satz nur hinschreibe, bin ich entsetzt. Er ist ja fit und gesund, auch wenn er aufgrund seiner Kleinwüchsigkeit zu allen möglichen Krankheiten neigt. Auch deshalb bin ich bei ihm vorsichtiger als bei meinen anderen Pferden. Viele kleinwüchsige Mini-Shetlands haben Schmerzen und eine sehr geringe Lebenserwartung. Dessen bin ich mir bewusst.

Die normale Lebenserwartung eines Pferdes liegt zwischen zwanzig und vierzig Jahren, je nach Rasse. Badger, mein ältestes Pferd, ist jetzt achtundzwanzig und fit wie ein Turnschuh. Unberufen, toi toi toi. Er müsste eigentlich zwischen fünfunddreißig und vierzig Jahre alt werden.

Was Alf angeht, so sagt unser Tierarzt, er sei ziemlich robust. Shetlands sind ja bekanntermaßen kräftige Tiere. Ich hoffe also, dass er ein hohes Alter erreicht. In einem Stall bei uns in der Nähe lebt ein Shetland-Pony, das schon zweiundvierzig ist. Und ich habe von einem kleinwüchsigen Shetland-Pony in den USA gelesen, das sogar fünfzig Jahre alt geworden ist. Man weiß also nie.

Solange Alf körperlich gesund bleibt, sollte es ihm eigentlich gut gehen. Und er hat ja die allerbeste Pflege und Versorgung, weil er fast von Anfang an bei mir war.

Manche Leute reagieren sehr arrogant auf Zwergponys. Es wäre wirklich wichtig, dass hier mehr Akzeptanz einkehrt. Schließlich ist es ja nicht die Schuld der Pferde, wenn sie so geboren werden. Und sie haben genauso ein Recht auf ein glückliches Leben wie alle anderen Tiere.

Eigentlich ist es erstaunlich, dass die Leute heutzutage noch so elitär denken. Als ich Little Alf bei der Shetland Pony Society registrieren lassen wollte, weigerten sie sich, obwohl sie dazu sagten, es täte ihnen wirklich sehr leid. Sogar als ich eine Anzeige für meine Bücher in einer ihrer Zeitschriften schalten wollte, sagten sie Nein. Und das, obwohl ein Teil der Erlöse für die RDA bestimmt war. Sie meinten, sie wollten niemanden dazu verleiten, kleinwüchsige Pferde zu züchten. Aber darum geht es doch gar nicht. Ich würde nie jemanden dazu anregen wollen, Pferde mit Gesundheitsproblemen zu züchten. Trotzdem kann man sich doch um diejenigen kümmern, die da sind!

Je älter er wird, desto anhänglicher wird Alf. Er ist ein richtiges großes Baby, glücklich und zufrieden, dass er bei uns leben kann. Deshalb denke ich, er ist genau am richtigen Ort. Ich kann mir nicht vorstellen, dass er anderswo so glücklich wäre. Gestern musste ich ihm den Hintern mit Sudocrem einreiben, weil er sich die Haut aufgescheuert hatte. Danach durfte er noch ein bisschen in unserer Küche herumlaufen, und ich gab ihm ein paar leckere Möhren aus dem Kühlschrank, um ihn ein bisschen aufzuheitern. Wenn er zu lange draußen ist, wird er steif vor Kälte. Deshalb muss ich ihn manchmal im Stall massieren, wenn es so richtig kalt ist. Ich glaube nicht, dass jeder bereit wäre, so viel für ihn zu tun wie wir – meine Familie und ich.

Ich sage immer zu Mum und Dad, dass ich keine Ahnung habe, was für einen Beruf ich ergriffen hätte, wenn Alf nicht in mein Leben gekommen wäre. Auf jeden Fall würde ich heute sicher ein ganz anderes Leben führen.

Ich will damit nicht behaupten, dass ich ihn gerettet habe. Aber vielleicht ist es doch so. Im Grunde genommen gefällt mir der Gedanke. Aber auf eine bestimmte Art hat er mich auch gerettet. Er macht mir und allen Leuten, die er trifft, so viel Freude. Zumindest, wenn er nicht gerade furzt oder Süßigkeiten klaut.

Manchmal vermisse ich das Reiten und würde nur zu gern

auf ein Pferd steigen und in die Wälder galoppieren. Aber wenn ich Alf ansehe, ist alles wieder gut.

Manchmal lachen Leute auch, wenn ich mich als Alfs Mum bezeichne, aber ich sehe mich tatsächlich so. Und ich weiß, er sieht es auch so. Ich bin seine Mum, und er ist das Beste, was mir je passiert ist. Mein Leben wäre nicht vollständig ohne ihn.

EPILOG

Weihnachten mit Little Alf

Ich möchte mein Buch mit einem Bericht darüber abschließen, wie schön es ist, mit Little Alf Weihnachten zu feiern. Für mich wird es immer ein besonderes Fest sein, weil er zu Weihnachten in mein Leben gekommen ist. Seit er da ist, hat die Weihnachtszeit einen ganz besonderen Zauber.

Weil ich Alf definitiv als mein Kind betrachte, fange ich schon im Oktober an, für Weihnachten zu planen und Geschenke für ihn zu kaufen. Wenn ich etwas sehe, nehme ich es mit und bewahre es auf. So ähnlich mache ich es aber mit den anderen Pferden auch. Ich kaufe ihnen immer mal wieder Spielzeug oder besondere Leckerchen. Beides lieben sie sehr.

Zu Weihnachten werden alle Ställe mit Lametta geschmückt und bekommen ein Schild an die Tür. Bei Alfie steht: »Santa, bitte hier anhalten.« Damit der Weihnachtsmann genau weiß, wo er die Geschenke abliefern soll.

Alf liebt Schneekugeln. Deshalb habe ich ihm letztes Jahr eine mit einem Eisbären gekauft. Sie steht jetzt auf einem Bord in seinem Stall. Wenn ich sie schüttele, schaut er ganz genau zu, wie der Schnee fällt. LED-Weihnachtsbäume gefallen ihm auch sehr. Er ist immer fasziniert, wenn sie blinken und die Farbe wechseln.

Und er liebt auch die Kugeln an unserem Weihnachtsbaum. Da müssen wir aber sehr aufpassen, weil er sie gern kaputt macht. Im vergangenen Jahr habe ich mit ihm zusammen den Baum geschmückt, und er strich immer wieder mit der Seite daran entlang oder leckte an den Kugeln. Am Ende waren zwei alte Gehänge kaputt, die meiner Urgroßmutter gehört haben. Meine Mum war nicht gerade begeistert.

Am Morgen des ersten Weihnachtstages gehe ich gleich nach dem Aufwachen zu Alf und bringe ihm seine Geschenke. Sie sind schön verpackt, mit Geschenkband und Schleifen, und stecken in einem Sack mit seinem Namen darauf. Natürlich braucht er beim Auspacken Hilfe. Deshalb stupst er sie mit der Nase an und schaut dann zu mir, als wollte er mich bitten: »Hilf mir doch mal!«

Ehrlich gesagt, glaube ich nicht, dass er sich aus meiner schönen Verpackung viel macht. Er will bloß schnell sehen, was drin ist, und hineinbeißen. Vor allem, wenn es etwas zum Fressen ist. Inzwischen bekommt er auch sehr viele Geschenke von seinen Fans. Und dann natürlich von den anderen Mitgliedern meiner Familie.

Das ungewöhnlichste Geschenk im vergangenen Jahr war ein Tamburin. Es ist mir noch nicht gelungen, ihm beizubringen, wie man es aufhebt und darauf spielt. Und ja, natürlich bekommt er viel mehr Geschenke als ich, aber das ist mir ganz recht.

Am Weihnachtsmorgen setze ich ihm auch ein Rentiergeweih auf. Dann bekommt er ein besonderes Frühstück aus Ponypellets, Polos und Olivenöl. Davon wird sein Fell schön und glänzend.

Und dann darf er zu seinem Entzücken noch ein bisschen weiterdösen, während ich zurück ins Haus gehe und mit der Familie meine eigenen Geschenke auspacke. Am Nachmittag darf er mit ins Haus und bei uns sein. In einem Jahr durfte er sogar die Weihnachtsansprache der Queen sehen.

Alf würde am liebsten den ganzen Tag essen. Zu Weihnachten bekommen die Pferde nicht nur Möhren und Äpfel, sondern auch die Schalen vom Gemüse, das wir für das große Festessen vorbereiten. Alf mag gern Steckrüben, aber weil er davon Blähungen bekommt, darf er nicht viel davon essen. Wenn er Weihnachten eine kriegt, muss er damit warten, bis er wieder in seinem Stall ist. Im Haus wäre es nicht auszuhalten mit ihm.

Bevor ich zu Bett gehe, sage ich Alf immer noch gute Nacht. Weihnachten erzähle ich ihm noch eine kleine Geschichte vor dem Einschlafen. Manche Leute denken sicher, er versteht solche Geschichten nicht, aber ich bin davon überzeugt, dass er jedes Wort mitbekommt. Mir gefällt dieser Gedanke.

DANKSAGUNG

Es gibt so viele Menschen, bei denen ich mich bedanken möchte. Aber zunächst einmal will ich sagen, dass ich es unglaublich finde, überhaupt so eine Danksagung zu formulieren. Wenn man mir vor drei Jahren mitgeteilt hätte, dass ich eines Tages die Memoiren von Little Alf veröffentliche, hätte ich es sicher nicht geglaubt. Woran man wieder einmal sieht, dass Träume wahr werden können, vorausgesetzt, man steckt genug harte Arbeit hinein und verfügt über Entschlossenheit und jede Menge Kaffee …

Also. Zunächst einmal will ich meiner Familie danken – Mum, Dad und meinem Bruder John –, weil sie mich von Anfang an unterstützt haben. Vor allem aber danke ich meiner Mum, die mir Sicherheit gibt, wenn ich verzweifelt bin, und die einfach an mich glaubt. Ohne dich hätte ich sicher nicht weitergemacht und wäre nicht da, wo ich heute bin.

Ein besonderer Dank geht auch an meinen Dad, von dem ich gelernt habe, dass man tun muss, was einen glücklich macht. Und ich bin ihm dankbar für all die Chauffeurdienste für Alfie und mich quer durch Großbritannien – auch bei kaltem, nassem Wetter. Ihr beide, du und Mum, habt einen großen Anteil an meinem Erfolg. Ich bin unendlich froh, Eltern wie euch zu haben.

Dann geht ein Riesendankeschön an Jordan, die mit mir an diesem Buch gearbeitet hat. Es war eine emotionale Achterbahnfahrt. Wir haben sehr viel gelacht, und es hat großen

Spaß gemacht. Ich könnte mir keinen besseren, freundlicheren Menschen vorstellen als dich, du bist wirklich fantastisch. Und an dieser Stelle auch gleich noch ein Dankeschön an Doreen und Jeremy, die zwei zauberhaftesten Dackel, die ich kenne.

Dann möchte ich meiner wunderbaren Lektorin Rhiannon danken, die Alf inzwischen wohl ebenso sehr liebt wie ich. Und natürlich allen bei Little, Brown Book Group dafür, dass sie meine Geschichte in die Welt hinaustragen und ein Buch daraus machen. Was für ein Segen, mit einem so großartigen Verlag zusammenzuarbeiten.

Klar ist aber auch, dass dieses Buch ohne meine Agentin Philippa nie erschienen wäre. Und auch nicht ohne dich, Elizabeth! Dein Enthusiasmus hat mich vom Anfang bis zum Ende aufrechterhalten. Ich muss zugeben, dass ich die Idee am Anfang ziemlich verrückt fand. Aber du hast immer daran geglaubt. Es ist eine Freude, mit dir zu arbeiten. Ich habe viel von dir darüber gelernt, wie das Verlagswesen funktioniert. Das war sehr aufregend für mich.

Vielen Dank auch an meinen Partner Jonny, der mich immer unterstützt und es klaglos erträgt, wenn ich mehr Zeit mit Alfie verbringe als mit ihm.

Und ich bedanke mich bei all meinen Tieren, heute und in der Vergangenheit. Ihr alle habt mich und damit letztlich dieses Buch geprägt. In meinem Leben gibt es unglaublich viele Freundinnen und Freunde mit Fell. Ich kann es mir gar nicht anders vorstellen.

Ja, und dann danke ich natürlich allen, die dieses Buch in die Hand nehmen und unsere Geschichte lesen. Ich danke denen, die mich in den letzten Jahren unterstützt haben, die unsere Videos auf YouTube angesehen haben, die die ersten Bücher gekauft oder uns bei einer Veranstaltung besucht haben. Ich kann euch nicht alle namentlich nennen, aber ich schätze euch alle sehr. Ihr bedeutet mir viel.

Und ganz zum Schluss geht mein Dank an den kleinen Kerl, den ihr alle als Little Alf kennt. Vom ersten Moment an, als ich dich kennenlernte, hast du ein Lächeln auf mein Gesicht gezaubert. Ein Leben ohne dich könnte ich mir überhaupt nicht vorstellen. Du bist mein Freund und Komplize und hast mein Leben für alle Zeit verändert.

Ich bin mir sicher: Jeder Mensch braucht einen Alf, der seinen Tag schöner macht.

MEHR ÜBER LITTLE ALF

Wer mehr über Little Alf erfahren will, findet sehr viele Informationen auf der Website www.littlealf.com und auf den Social-Media-Kanälen.

Twitter: @AlfLittle
Facebook: @HannahRussellAuthor
Instagram: @Little_Alf_

Der Shop

Ihr seid herzlich eingeladen, den Little Alf Shop in Leyburn Market Town, North Yorkshire, zu besuchen. 2017 haben Hannah & Little Alf diesen ersten Laden im Herzen der Yorkshire Dales eröffnet. Dort gibt es jede Menge Little-Alf-Produkte und Fotos. Der Laden hat vier Tage in der Woche geöffnet. Dort startet auch der Wanderweg »Little Alf Trail Around the Yorkshire Dales«, auf dem man die Gegend kennenlernen kann. Ihr findet den Laden in Leyburn gleich hinter dem Goldenen Löwen.

Die Adresse:
Little Alf
1 Golden Lions Yard
Leyburn, North Yorkshire
DL8 5AS
Großbritannien

Ein wunderbares Buch über die Weisheit der beliebtesten Katze der Welt

James Bowen
MEIN BESTER
FREUND BOB
Was ich vom Streuner
über das Glück gelernt
habe
Aus dem Englischen
160 Seiten
mit Abbildungen
ISBN 978-3-404-61034-1

Was ich an Bob von Anfang an so besonders fand, ist die selbst für eine Katze ungewöhnliche Weisheit, die er ausstrahlt. Und in den zehn Jahren, die wir uns nun schon kennen, ist er – zumindest in meinen Augen – immer noch klüger und weiser geworden. Dieses Buch versammelt alles, was ich von Bob in dieser Zeit gelernt habe: Was macht wahre Freundschaft aus? Was brauchen wir eigentlich, um glücklich zu sein? Und wie holt man das Beste aus dem Leben? All das machen uns Katzen vor, und ganz besonders Bob ist ein Meister darin. Wir müssen uns nur die Zeit nehmen, hinzuschauen.

Bastei Lübbe

Sind wir nicht alle ein bisschen Einhorn?

Bettina Hennig
DAS MAGISCHE
LEXIKON DER
EINHÖRNER
Fabelhafte Fakten für
alle, die der Realität
nicht trauen
208 Seiten
mit Abbildungen
ISBN 978-3-404-17738-7

Die Welt im Bann des Einhorns. Das war schon immer so. Es zierte die Stadttore des alten Babylon und wachte vor den Toren des Kaisers von China. Es faszinierte Julius Caesar und schlug Dschingis Khan in die Flucht. Königin Elisabeth I. besaß ein Einhorn, das soviel wert war wie eine ganze Stadt. Lady Gaga trägt es als Tattoo. Und wir verschicken es als Emoticon. Es verleiht unserem Alltag Glitzerstaub und Magie. Aber wehe dem, der versucht es zu fangen! Alles Wissenswerte über das Tier, das es nicht gibt, doch ohne das ein Leben möglich, aber sinnlos wäre.

Bastei Lübbe

Die Community für alle, die Bücher lieben

Das Gefühl, wenn man ein Buch in einer einzigen Nacht verschlingt – teile es mit der Community

In der Lesejury kannst du

★ Bücher lesen und rezensieren, die noch nicht erschienen sind

★ Gemeinsam mit anderen buchbegeisterten Menschen in Leserunden diskutieren

★ Autoren persönlich kennenlernen

★ An exklusiven Gewinnspielen und Aktionen teilnehmen

★ Bonuspunkte sammeln und diese gegen tolle Prämien eintauschen

Jetzt kostenlos registrieren: www.lesejury.de
Folge uns auf Facebook:
www.facebook.com/lesejury